认知觉醒

李春桃 ◎ 编著

华龄出版社
HUALING PRESS

图书在版编目（CIP）数据

认知觉醒 / 李春桃编著 . -- 北京 : 华龄出版社，
2022.9

ISBN 978-7-5169-2457-0

Ⅰ . ①认… Ⅱ . ①李… Ⅲ . ①认知心理学－通俗读物
Ⅳ . ① B842.1-49

中国国家版本馆 CIP 数据核字 (2023) 第 023351 号

策划编辑 刘慧滢　　责任印制 李未圻
责任编辑 郑　雍　　装帧设计 韩海静

书　名	认知觉醒	作　者	李春桃
出　版 发　行	华龄出版社 HUALING PRESS		
社　址	北京市东城区安定门外大街甲 57 号	邮　编	100011
发　行	（010）58122255	传　真	（010）84049572
承　印	德富泰（唐山）印务有限公司		
版　次	2023 年 3 月第 1 版	印　次	2023年3月第1次印刷
规　格	880 mm x 1230 mm	开　本	1/32
印　张	7.5	字　数	145千字
书　号	ISBN 978-7-5169-2457-0		
定　价	49.00 元		

PREFACE

前言

个人蜕变的秘密

世界上，有些人目标清晰而坚定，他们走的每一步都朝向自己的理想，这样的人是幸运而幸福的。因为有更多的人，活得十分迷茫，不知道自己是为了什么活着，也不知道自己在这个世界上该扮演一个什么角色；还有的人，活在自己的舒适圈里面，他们也许是曾经有过目标，但由于过程困难重重，于是选择了放弃，最终“躺平”。

你是否在经历自我挣扎的内耗，比如总是焦虑难安却依然混吃等死？想做出改变却难以坚持？那么就意味着你该提升下你的认知了！我们所提到的认知觉醒，主要涉及几个方面，个人认知升级，找准人生定位提高格局，对抗人性弱点，时间管理，精力管理，学会学习，认知变现等。

每个人生下来，始于无知，在从婴儿到成年期间的独立人格的形成会受到众多因素影响。在成长期间，我们的生活环境培养了我们的习性，打造了我们的三观，然后最终认知事理的不同造就了我们每个人人生方向的不同。如何才能改变自己的人生，化蛹成蝶呢？这就需要我们开启元认知，即觉醒我们的认知，进行自我审视，主动控制大脑的内在驱动，才能实现个人的蜕变。

个人认知的升级，不论是什么方向的认知，都应该是一种主动拥抱生活的积极认知。但觉醒认知过程是一个痛苦的过程，更别说认知升级了。祖先们的认知经过一代一代的传播，才变成了如今我们的潜意识，今天人们的潜意识是复杂的、多元的，而且是成长缓慢的。尤其是现在物质生活极其丰富，一部手机、一根网线、一个固定的空间，足以实现人们所有的生活需求，从而形成了日复一日身体成长，认知停止的“巨婴”。认知决定思想，思想指导行为，不能实现认知升级，我们只会机械地重复昨日，虽然生活在同一片蓝天下，但却不是一个时代的人了。

认知升级一种是扫除自己认知盲区，另一种是扩展自己的元认知。所谓元认知就是你不知道的认知，这种认知升级是至关重要的，也是最困难的，也是最可怕的。无法实现自我认知升级，生活中同样的挫折和困难就会一直存在，即使这次侥幸解决了，下次仍然会遇见。实现认知升级，不断调整自己的行为习惯，才是拥抱美好生活的不二法。走好每一个今天，不断升级自我认知，拥抱更加美好的明天。

找准自己人生定位，只有这样你才能在自己人生道路上的每一步都做出主动选择，而不是被动选择。人之所以感到迷茫，是因为他找不到自己的位置，不知道自己这一生究竟要扮演什么样的角色。任何人的人生，都像是一个开放式的游戏，没有固定发展模式，没有必须要走的轨道。不可预料，没有标准答案。在这种情况下，如果你没有找准自己人生定位，你就会彷徨无助，面对每一步的选择，都不知所措。

当你在生活中、工作中做的选择都是被动的时候，都是根据父母、老师、身边的朋友说的去选，或者是出于现实生存需求被迫选择的，被动选择的人生只是任务而已，时间长了，你就会诞生“人生无意义”的消极念头，这是十分危险的。只有主动选择的人生才能游刃有余，因为在能够清晰地看清楚自己走向后，你就会有安全感，也自然不会陷入迷茫当中。

在你找准了人生定位，有了人生方向与目标后。通常只要能够坚持下去，就会成功。但这个坚持是最重要，也是最困难的，通向目标的过程就把一大半的人淘汰了，因为进步常常是伴随着痛苦，不情愿以及不舒服的，而我们每个人都是有弱点的，有惰性的。

需要坚持学习新知识的时候，总是忍不住看手机、看电脑、浏览网页，或者把借口推给天气、家里的宠物、附近的装修噪声等理由。这是正常的，我们的天性就是喜欢及时满足，喜欢朝抵抗力低的方向走，而本能的拒绝朝抵抗力高的方向去。这就是因为我们认知觉醒得不够牢固，在你面对“正确但不舒服的事情”和“不正确但轻松快乐的事情”两者之间的选择时候，你轻易地跟随自己的情绪去选择了后者。看搞笑的综艺节目，玩着各种游戏，给你短暂的快乐，其实那是“毒药”，麻木你的神经和让你的灵魂停滞不动。

人的精力有限，学习和工作都需要有效率。管理好自己的时间规划，建立有效的学习能力以及进行精力管理，才能事半功倍。

对于已经脱离学生时代的成年人来说，坐下来学习几小时的能力已经消失了。尤其我们更加偏向于碎片肤浅信息的索取，学的东西一难，就没耐心了；一深，就放弃了。所以我们要先培养我们的学习能力，其次是时间和精力管理，你的金钱和时间流向哪里，你的人生就走向哪里。我们想要实现自己的目标，就要对宝贵的24小时进行合理规划。从你的人生目标中，定好短期目标、中期目标和最终目标，而你的时间规划必须要跟你的目标相符合。比如你的短期目标是提升学识涵养，那你每天的时间规划当中，必须要分配出一定时间给思考和读书。如果在时间规划里面没有这一项，那你这个短期目标是不可能实现的，目标永远只是目标。

这个世界是复杂的，人与人之间，存在着许多“不平衡”，有的人自暴自弃，觉得自己出身不好干脆躺平，而有的人与自己的出身做着抗争，不断受到心底的那股不甘心的冲击，认知觉醒了，于是投入脚踏实地的努力当中。然而，并不是每个人都具备这种能力，个人的进步和蜕变，这会是一个漫长的过程，这种能力是基于一定的经验、学识和眼界之上的。因此有的人迷茫，有的人不迷茫。

只有认知觉醒了，你才会找到自我实现的途径，找自己的人生目标，继而为了这个目标去保持自律学习，辛勤地工作，都是为了实现自我的蜕变和进步，成为一个优秀的人，从而向世界交付你的价值。

CONTENTS

目录

第一章 <<<

初觉醒：所谓精神成长，就是认知升级

为什么道理都懂，依然活得困难重重

每个人一生中会了解很多道理，有的道理是别人告诉的，有的道理是自己学习或者通过自我实践得出的，但我们总免不了产生这样一个困惑："为什么道理都懂，但是依旧活得困难重重呢？"

要解决这个问题，我们首先要知道：自己获取的道理都是正确的吗？人生并不是一段任何时候都看不到美景的旅程，那为什么有无数的人会在深夜"网抑云"，感叹生活无望、人生不易呢？在如今这个网络发展十分迅猛的时代，网上的信息可谓十分繁杂，各种各样的心灵毒鸡汤、营销号文章、讲大道理的软文等层出不穷。我们听到了太多的道理，以至于忘记辨别这些道理是否都是正确的。

众所周知，Facebook的创始人扎克伯格是在辍学后创立这一社交平台的，并且成功得到比尔·盖茨、李嘉诚等多位投资者的支持。比尔·盖茨，连续13年蝉联《福布斯》榜世界首富的风云人物，也是在辍学之后才成功创办微软的。他们的事迹激励了很多学生，这些学生了解了他们的事迹之后，明白了这样一个道理——不需要高文凭，甚至不需要大学毕业，只要凭借自己的努力和一腔热血，就能创造出举世瞩目的成就。

很明显，这就是所谓的心灵毒鸡汤。他们只知道扎克伯格和比尔·盖茨是在辍学后再进行创业的，却不知道他们就读的分别是哈佛大学心理学专业和法学专业，若没有前期的知识储备，又怎会那么简单地说创业就能成功？而且，比尔·盖茨家庭经济状况本就十分优渥，母亲玛丽·盖茨是华盛顿大学董事、银行系统的董事以及国际联合劝募协会的领导人，父亲威廉·亨利·盖茨是当地的著名律师且拥有一家自己的律所，外祖父麦克斯韦尔曾任国家银行行长，更是在满分为1600分的情况下以1590分考进哈佛大学。如果没有长辈耳濡目染式的教诲和如此优渥的家庭条件以及他本人积累的丰富学识，他又怎会成为世界首富呢？由此观之，我们仅仅懂得了道理，并不会让自己生活得好一些，还要辨别这些道理是否正确，是否符合现状、适合自己。

另外，懂得了正确的道理，生活也可能还是十分困难的，因为我们虽然懂得了许多道理，但是在能力上依旧十分欠缺。就像那些因学习比尔·盖茨而辍学去盲目奋斗的年轻学生，他们不是不懂得要努力奋斗的道理，只是努力的方式有些偏激。他们的致命问题是，自己的能力配不上他懂得的道理。

中国式教育告诉每个孩子：不想上清华、北大的学生不是好学生。学生的首要职责就是学习，尽管许多教育家直言：“教育的目的是提高孩子的综合素质，并非考上一个好学校就是成功的教育。”

话虽如此，在毕业学生面临找工作这一难题的时候，我们还是会发现，名牌大学毕业的确可以给学生带来很大的便利。因此，几乎每个学生都知道自己要上好大学，几乎每个学生都会在桌子上贴着“我要上清华”“我要上北大”“我要上好大学”，但为什么每年几百万的考生中只有几十万上了名牌大学呢？就是因为他们的能力配不上自己懂得的道理。

从心理学的角度分析，人无完人，人性有很多不可避免的、固化的弱点，如不轻易接受他人的意见、固执己见、无法摆脱诱惑、贪图享乐、懒惰等。人们知道自己有这些缺点，因此渴望通过掌握更多的道理来弥补身上的这些缺点。当一个人看到一篇优质的讲解如何培养理财观点的文章时，他往往会产生这样的感觉——学习了这么优秀的理财方法，自己的理财能力一定会大大增强。出于这种心理，他们感觉自己收获颇丰，但出于惰性又不愿意将所学习的道理付诸实际行动。

这其实是错误愿望综合征的一种表现。当这个人开始关注这篇理财文章的时候，就说明他是有意愿好好理财的，可是在了解到理财的一些道理之后，他并没有运用学到的道理，而是用这些道理让自己变得更有信心。长此以往，随着懂得的道理越来越多，他会觉得自己了解的领域越来越广，自己的能力也越来越强。但是这种没有经过实践、幻想出来的能力往往是见不得光的，于是这种人陷入了一种自己什么都会但又什么都做不好的怪圈。他低估了自己获取某种能力的难度，觉得一个人只需明白某一方面的道理就可以获得相应的能力。殊不知，如果仅仅是这样就能拥有能力，那岂不是只要人人都多学习一些道理，每个人就是全能型人才了。这显然是不可能的。

其实，错误愿望综合征是一种常见的导致人们产生“明明懂道理，但还是活得困难重重”感觉的原因。我们总在给自己制定各种各样的小目标，如以后每天早上六点起床，暑假减肥10斤，7天学会理财入门课程，等等。但现实是，我们获得最大内心成就感的时候，就是我们刚刚制定完这些目标的时候。然而，并不是制定了目标，我们就能达到目标希望的那样。

就像我们可能会在六点第一次闹钟响起的时候就把闹钟拍到地上，然后依旧睡到自然醒；在每天微量运动后就抱起手机和零食，在沙发上一躺就是半天，一个暑假胖10斤；理财入门书可能翻开不到10页就被扔进柜子，在它落满灰尘的时候才可能被发现……

生活的轻松与艰难本质上是取决于自己的能力。我们虽然懂得很多的道理，但总是误以为明白道理就是获得了某种能力，从而低估自己获得能力所需付出的努力。

因此，我们要少看些心灵毒鸡汤，学会辨别道理可取性的方法，少一些疲癞，既要懂得道理，更要学会利用道理。相信这样，你的生活一定会变得轻松一些。

智商很高，并不一定会出类拔萃

现在，一个新流行词“内卷”出现在各个行业之中，引发一阵讨论热潮。

所谓“内卷”，用学术语言来解释，就是当一类文化模式达到某种最终形态以后，没有办法稳定或者转变为新的形态，只能不断地在内部变得更加复杂的现象。通俗一点表述，就是人们为了领先他人而舍弃原本的休息时间等学习和工作，从而获得更好的成绩。

目前，“内卷”现象在教育领域尤其突出。之所以出现这种情况，根本原因在于父母和教师始终认为每个获得成功的人都必须拥有优异的成绩，而优异成绩的取得就需要高智商作为前提保障和先决条件。所以，父母在孩子很小的时候就会对其进行各种各样的智力拓展训练，企图让孩子展现出高智商的特征，并美其名曰：“赢在起跑线。”但智商高低究竟是不是一个人能够变得出类拔萃、成功有为的首要条件呢？本书认为，答案是否定的。

智商并不能决定一个人的成就，智商很高不一定就会出类拔萃，智商一般也不一定只会碌碌无为。

英国教育界和社会研究组织开展过一个著名的实验，他们花了将近70年的时间对将近7万人的人生经历和最终成就进行收集、分析以及研究。最开始，实验人员是从这种大规模的信息以及数据之中找到智商对于人们人生经历和成就等的直接影响，从而论证高智商的人群更容易取得成功这一观点。多达几千份的实验报告中，没有一份能够证明孩子的智商跟他未来的成就有直接联系，这就意味着智力高低跟孩子能否出类拔萃没有直接的因果关系。

说到这里，很多读者或许会觉得奇怪，高智商的人更容易学会别人学不会的东西，难道不算出类拔萃吗？这个疑问不难解答，方仲永的故事就是很好的证明。

话说方仲永，世世代代都是面朝黄土背朝天的农民，每天过着日出而作、日落而息的生活，家境自然并不富裕，毕竟做农活挣的钱只勉强够一家人解决温饱问题而已。所以，对于家里孩子的教育，家长并不重视，方仲永5岁时连笔墨都没有摸过。

就在家人都已经习惯性地认为仲永以后是要继承父辈的田地事业时，仲永却在某天突然哭哭啼啼地跑到大人面前，开口就向他们索要笔墨纸砚之类的文具。父亲见儿子反应这么大，觉得很奇怪，就索性向邻居借来了笔和纸交给仲永。

神奇的事情发生了。方仲永接过纸笔，动作十分娴熟地磨墨、铺纸，那架势看着跟常年读书的人没有两样。紧接着，更神奇的事情发生了。方仲永提笔就写出四句诗，整个过程行云流水，不带一丝拖沓。旁人觉得惊奇，连忙让村里的读书人来看，那些读书人看过之后纷纷发出“好诗，好诗”之类的夸赞，惊艳之情溢于言表。后来，大家为了试探方仲永究竟多有能耐，又把他叫来，现场出题让他即兴作诗。仲永毫无难色，稍一思索，便出口成诗，而诗的文采、内容都很让人信服。慢慢地，仲永5岁作诗的美名传扬四方，他被誉为“神童”。

仲永的名气传到城里，城里的富豪和学士都到村里找他写诗，高兴的时候还会给方仲永一家一些钱财作为奖励和酬劳。方父看着这些银两喜不自胜，觉得方仲永真的是一棵活生生的摇钱树。这时，旁人建议他可以用这些钱送儿子去读书，学习更多的知识，但方父却认为既然已经有了天赋，花钱去读书就没有必要了。旁人见他是这个态度，也不多劝就走了。后来几年，方仲永一直利用自己的天赋和“神童”形象写诗，但到了他十二三岁的时候，人们渐渐发现他写的诗没有以前好了。二十岁的时候，他已经彻底沦为平庸，与旁人没有了区别。

仲永从神童到泯然众人固然可惜，但这也直接说明高智商和高天赋确实不能让人一定就会出类拔萃。或许我们可以利用高智商风光一时，但如果一直沉湎不去，不清晰认知自我，不做后期规划和提升，最后根本逃不开庸碌无为的结局。

相反，一开始就清晰地认识且承认自身的智商非顶尖的事实，通过后期的学习和提升，人们往往可以实现人生的价值和目标。成功的绝对条件从来都不是智商，而是自我认知、人际交往、自我控制以及足够专注等能力的综合体现。

高智商对于取得成功来说是锦上添花，但是这朵花必须要开在人们对于自身的了解和认知透彻的基础之上。盲目相信自己的高智商，认为拥有高智商就会拥有一切，无疑是非常错误以及幼稚的想法。攀登人生高峰的路上，不仅需要脑子灵光，还需要四肢协调，否则过往取得的一切都只会是过眼云烟，转瞬即逝。

我们都渴望拥有高智商，希望通过它让自己的人生道路尤其是学习道路走得更加轻松平稳，但更需要拥有清晰、正确的认知以及强大、高效的执行力让自己的心性更加坚定，让智商得到最有效的利用和展现。一个出类拔萃的人是全面的，可以将一件事情做到尽善尽美，也可以无惧风雨，始终坚定自我，坚定脚下的路。因此，与其执着于高智商，不如让自己更平衡、更全面、更有魅力。

你永远挣不到超出你认知范围的钱

什么叫作认知？不同的人有不同的见解，所谓仁者见仁，智者见智。宋代陆游有云："纸上得来终觉浅，绝知此事要躬行。"苏轼又云："不识庐山真面目，只缘身在此山中。"

在百度百科上搜索"认知"二字，其中一种含义是指人们认识活动的过程，即个体对感觉信号接收、检测、转换、简约、合成、编码、储存、提取、重建、概念形成、判断和问题解决的信息加工处理过程。其实，通俗点来讲，就是当你知道这件事并了解这件事之后进行判断、处理的过程。

认知是有一定范围的，如若超出认知的范围，往往会一无所获。比如，金钱作为人类社会一般等价物的载体表现，社会中人的生存与金钱休戚相关，以此为基础，人们会采取各式各样的方式获取金钱。君子爱财，取之有道，视之有度，用之有节。无论是谁，金钱的获得都是在其认知范围以内的，没有人可以在符合价值规律的情况下挣到超乎其认知范围的钱。那么，为什么会这样说呢？原因主要有以下三点。

第一，认知水平有限，决策能力有限。假设王某的认知水平有限，他不知道可以用互联网赚钱，在他的脑海中，互联网和挣钱是无法画等号的，他又怎么可能会利用互联网赚钱呢？如同很多老一辈人，他们只会把钱存在银行，从来没有购买过理财产品。这是为什么呢？因为购买理财产品这一概念已经超出部分年纪较大的人群的认知范围。也就是说，老一辈人根本不知道可以通过购买理财产品而增加收入，也不懂得怎样理财。所以说，当人的认知水平有限，在不能接收到一些新的更有创造性的想法的情况下，想法也会变得具有一定的局限性，做出的决策也会比较狭隘。就此而言，决策的多样性就显得非常重要。

同样，对于一个放羊的孩子，当你问他放羊干什么时，他会说放羊卖钱。你继续问他有了钱之后干什么，他会说买羊、继续放羊。你再问然后呢，他会说攒钱娶媳妇、生孩子。你继续问生孩子干什么，他会继续答让孩子放羊……无限循环，就是跳不出这个圈子。

难道人生就只有放羊、挣钱、生孩子三种选择吗？当然不是。可是当我们不知道还有其他选择的时候，只能任由自己在无知和愚昧下做出选择。

全球著名投资人巴菲特在10岁时就开始阅读股票市场方面的书籍。随着年龄的增长，他对股票市场越来越了解，他的认知、选择远远丰富于其他人，已经开始绘制股票市场价格升降的图表了。他开始在父亲的经纪人业务办公室里做些与股票相关的工作。这些积累既增长了他的知识，又开阔了他的眼界。

巴菲特成为股票大亨是有原因的，他超乎常人的认知显而易见地看到了投资界的商机，成为股票界不败的神话。而我们没有先见之明，只能用“敏锐的嗅觉”察觉机会的来临。

一个人的见识和眼界决定了他人生道路的分支。人只有了解更多的知识，开阔更高的眼界，才能拥有更多的选择，挣到自己认知以外的钱。同样，如果你突破不了认知的局限性，你就永远不知道自己可以有这么多的选择，又谈何说能挣到自己认知之外的钱呢？

突破局限性对于每个人的发展都至关重要。人只有提高认知能力，丰富决策种类，才能够获得更好、更快的发展。

第二，对于认知以外的事物，我们一知半解，很难熟练运用操作，更不要说用它来赚钱了。还是拿互联网举例。近几年，随着互联网行业的兴起、走红，互联网+、物联网、快递、网络文学等的利润可以说是居高不下，一大波人蜂拥而上，但并不是所有人都可以分得一杯羹。究其原因，是你并没有真正了解，不知道如何用这些来赚钱。

你知道怎么开通淘宝账号吗？你会在今日头条上开通创作者权益吗？你知道怎样将实体店里的东西挂在网上卖吗？

巴菲特说过，他从不挣他认知以外的钱。为什么这么说呢？是因为他不了解。他了解可口可乐，了解美国运通，在这些领域是大亨，所以他只挣这方面的钱。如果劝巴菲特投资互联网，他不会去投资，因为他不了解互联网，如果贸然进入是会碰壁的。并不是说巴菲特会失败，也并不是说他一定挣不到钱，而是风险太大，所处环境过于被动，一不小心就粉身碎骨、如坠云颠。

20世纪，利用认知差来挣钱的大有人在，甚至一下跨越阶级，实现从贫民到资产大亨的华丽转身。俄罗斯的羽绒服在本地可以说平价近人，但是放在中国北方可以卖到两倍的价钱，有人就看到了这个商机。在以前，中国南方对外开放，南方的衣着与妆容较为时尚，技术也相对发达，所以出现不少“南商北卖”的情况，这些人就是在通过认知来挣钱。现金的流动成为认知赚钱的典型。

第三，不只要有对外界的认知，更要有对自己的认知。人们对自己认知的全面性至关重要。人只有形成清晰的目标，提高认知能力，才能获得更好、更快的发展。对自己认识得越清楚、对外界认知得越多的人，越容易看清自己的问题所在。越是对自己缺乏认知、对外界也一知半解的人，越是不清楚自己的优势和劣势，越容易掉入坑底而不自知。在认知达到一定境界之前，干自己能力之外的事必然会异常艰难。

人都生活在同一个世界，但每个人对世界的认知是不同的。在认知基础不好的情况下，人们坐井观天，只会让这种情况愈演愈烈。正是因为每个人的认知水平不同，他们最终的决策也会有所不同，做事情犹如管中窥豹、束手束脚。

就像有些人说的：如果你赚到超出你认知范围的钱，那一定是靠运气，但靠运气挣来的钱，最后通常会被“实力”亏掉，这或许是一种必然的趋势。你所赚的每一分钱，都是你对这个世界认知的变现；你所亏的每一分钱，也都是因为对这个世界的认知有缺陷。

所以，你永远挣不到超出自己认知范围的钱。

用回顾式思考进阶原始大脑

人们每天都在接触各种各样的新事物。承受着种种差异化的影响，我们的认知总是有着各种各样的差异。在我们获取知识、应用知识且不断对所了解到的知识进行信息加工时，不妨试试用回顾式的思考方式透彻理解所认识的事物。

事实上，我们对事物的最初印象，或者说对事物最开始的认知，可以概括为存储在我们原始大脑中的知识。但是，我们对事物最初的认知往往是简陋的、不全面的，总是容易滋生出以偏概全的想法。只有经过反复思索、复盘等回顾式的思考，我们才能更透彻地了解自己原始大脑中的信息与知识。

生活中，很多人时常会陷入一种这样的情绪——不断复盘已经发生的事。当我们面临重要的场合或者要参加重要活动的时候，总是忍不住在意自己的每一举动。比如：我这句话说得好不好？适不适合这个场合？语气怎么样？刚刚说话的时候足以控制面部表情了吗？会有人觉得我说的这句话有问题吗?我们总是会控制不住地思考这些问题，这其实是很正常的现象。

很多时候，在事情发生之前，我们并不能预料会发生什么，因此也就无法做出准确的判断，决定自己以哪种姿态应对各种突发状况；在事情发生的时候，绝大多数人没有临场应变能力，因此也很难解决各种突发情况，最后的表现可能会有些不尽如人意。

但是，在事情发生之后，我们会不断回忆这个过程，回忆自己有哪些地方做得不恰当，然后再不断地进行回顾式的思考，直至找出所有让自己不满意的地方，并且思考怎样做才是恰当且合适的。这就是一种最普遍的用回顾式思考方式进阶原始大脑的行为。正是因为有了不断复盘，不断进行回顾式思考，我们原始大脑中处理同样突发状况的能力才会增强，方法认知才会进阶。因此，当我们再次面临同样的突发状况时，处理起来就会显得比这一次娴熟很多。

不只是在生活中的小事，企业中工作其实也离不开回顾式思考。一般来说，刚刚进入企业的新人遇到事情的时候往往会选择向老员工请教。为什么呢？因为老员工比他们更加有经验。其实说白了，这个经验就是在一次又一次的回顾式思考中，对原始大脑中的认知有了更透彻的理解。为什么领导总会觉得老员工比新员工含金量要高呢？因为老员工在企业工作多年，比新人反思回顾的次数更多，在这个过程中也积累了很多经验。所以，无论是从职业技巧的层面来讲，还是从与企业领导的相处层面来讲，他们都比企业新人更有优势。

举个例子。一天，强国公司召开季度总结会议，老板说：

“看得出来，本季度公司业绩进步很大，大家都辛苦了，只是感觉广告宣传方面做得还不是很到位，大家怎么看，一起出出主意吧？”

此话一出，会议室气压立刻变得沉重，大家都知道广告宣传部的负责人是老板亲戚，过分苛责的话也不太好说出口，一时间相顾无言。

老板又开口，说：“小李，你是名牌大学管理学专业毕业的，我好不容易才招了你这么个人事经理，你看这事儿怎么办才好？”

小李一听老板这话，心想老板应该是不满意广告宣传部的负责人，于是便列举出广告部门各种做得不好的地方，林林总总地说了半天，说完才发现老板和那位负责人的脸色都很不好看。

这时候，人事部副经理小胡开口了。他说：“老板，我觉得虽然广告宣传部做得不是很好，但责任也不完全在他们。我刚进公司的时候是从广告部干起来的，总结过这方面的一些经验，我认为问题出在极个别供应商身上，有些供应商的要求的确不好满足，不过汲取了很多经验，我有把握可以跟他们好好沟通。我再试试跟合作商沟通一下，争取把广告做得更漂亮。当然，如果小张负责人能配合一下就更好了，您看怎么样？”听了他的话，老板这才满意地点了点头。

小李和小胡他们俩最大的差别就是小李少了回顾思考的能力。很显然，老板虽然不满意负责人小张的业绩，但是碍于亲戚层面，又不好意思直接批评，想找人帮忙“敲打敲打”他。小李和小张是平级，完全可以适当地说两句，但是小李只顾着解决会议上的事，听老板这么说，就直接把所有责任推到小张身上，既没有达到老板想要的效果，反而还恶化了亲戚之间的关系，反而弄巧成拙。

小胡就不一样了。作为公司的老员工，在老板提出问题的时候，他就已经回想了好几次之前发生相似事情时老板的态度，对老板的处事有着更为清晰的认知，所以知道对负责人小张的批评要适可而止。同时，身为处理过广告宣传事务的员工，他在工作中一遍又一遍地进行回顾式的思考，并且成功地总结出工作经验，不仅能一针见血地指出问题所在，还能很快想到解决办法，这正是回顾式思考带给他的工作技巧方面的认知改变。

同样是公司的老员工，小李的职位还比小胡的高，但是他不懂得在工作中用回顾式思考总结经验，升级自己对老板、工作技巧的认知，使自己的原始大脑进阶，为人处世自然没有小胡做得好。

我们每个人都不能一直保持着自己原始大脑中的认知，因为最初的认知是无比浅陋且错误百出的，一定要通过回顾式思考，不断反思、总结，才能让自己的认知进一步升华，进而进阶自己的原始大脑。

欲求不满是快速成长的核心驱动力

一个人的成长需要多方因素的共同促进，所处的环境、身边的人脉、个人的修养等缺一不可。但是快速成长的核心驱动力是“欲求不满”。

从心理学的角度来讲，“欲求不满”就是想要做的事情无法完成，想要的东西得不到，得到的永远达不到自己的期盼。当所有渴求的事物无法实现的时候，人们就会产生十分焦虑、紧张的心理。这种充满焦躁不安的状态就是“欲求不满”。

当一个人处于这种焦躁不安的状态时，他会不自觉地想着做出一些实际行动，改变现状。往往当一个人开始在这种欲求不满的状态下采取行动的时候，他就会打破自己的舒适圈，以最快的速度达到自己理想的状态，实现快速成长的效果。

众所周知，卡洛斯·斯利姆·埃卢及其家族曾多次凭借傲人的财富成功登上《福布斯全球富豪榜》。卡洛斯·斯利姆·埃卢——一位黎巴嫩裔墨西哥商人，出生于墨西哥城的一个移民家庭。他最初是在父亲的公司工作的，薪酬为每周1比索，但是他不甘现状，于是向母亲借了5000比索买股票。于是，在12岁时，他已经成为墨西哥一家银行的股东。

埃卢没有满足于现状，而是随着自己经济能力的增长，愈发滋生出一种“欲求不满”的心理。26岁的埃卢成立了卡尔索公司，准备向房地产业进军。这还不够，他对工业、建筑、采矿、食品、零售和烟草业等行业均有涉猎。此时他的财富程度已经远超同龄人。然而，他依然不满足于现状，巴菲特、比尔·盖茨等人的财富依旧远超于他，仅仅是与同龄人相比，并不能让他收获满足感，“欲求不满”的心理状态仍然围绕着他。

1990年，埃卢完成一次最完美的投资，趁着墨西哥全面推进私有化浪潮，联合法国和美国的电信企业，以17.6亿美元收购负债的国有企业墨西哥电信公司Telmex，获得控股权。并且，很好地衍生出一系列移动通信公司和证券交易所，陆续承包了南美洲和中美洲的移动电话运营，这让他在股市中大赚一笔。2008年，埃卢成功地登上《福布斯排行榜》的第二名，财富程度超过比尔·盖茨。此时，埃卢的经济能力已经非常强悍，但他并没有因此止步，因为他只是实现了经济自由，埃卢认为他的人生发展不应该止步于此。

出于一直处于“欲求不满”的状态，埃卢做出决定——不向其他富豪一样承诺捐出多少钱，而是将自己的慈善款目全部投入教育和医疗项目。布罗德研究所所长埃里克·兰德尔评价说：“这是一件很有远见的慈善之作。”确实如此，埃卢的这一举动，不仅有力地推动了教育和医疗的发展，还成功地实现了自我价值。如果一个人空有家财万贯，却没有好好利用这笔钱财，他显然没有实现自己以及这些钱财的价值。埃卢做到了，他成功地实现了自己和财富的价值。正是因为埃卢一直处于这种“欲求不满”的心理状态，他才能成为一位成功实现自我价值的大富豪。

美国心理学家马斯洛提出过一个隶属激励心理学领域的理论：需求层次结构——从层次结构的底部向上，共有五种需求，分别为生理（食物和衣服）、安全（工作保障）、社交需要（友谊）、尊重和自我实现，这五种需求从金字塔的底部向上发展。

在马斯洛看来，人们需要动力实现某些需要，随着需要层次的升高，人们所需要的动力是不一样的。我们往往会先具备满足低级需要的条件，然后会发现，低级需要满足不了我们的需求，进而会滋生出“欲求不满”的心理状态，随后就会意识到自己需要那些高级需求。有了这种“欲求不满”的核心驱动力，人们为了摆脱现阶段需求与事实不匹配的焦虑感，自然而然地会快速付诸行动，满足自己的高级需求。事实上，马洛斯的需求层次结构也象征一个人的成长过程，这个不断满足自己更高层次需求的过程就是我们的成长过程。

事实上，除了卡洛斯·斯利姆·埃卢，还有很多优秀的人物也很好地利用了“欲求不满”这种核心驱动力获得成功，中国奥运冠军李宁就是其中一位。李宁曾以“体操王子”的光辉形象出现在众人面前，他在体操方面取得的成就举世瞩目，获得106块奖牌，在国家体坛上添了浓墨重彩的一笔，说是全国人民心中的偶像也不为过。但是，在1988年汉城奥运会上，李宁不慎从吊环上摔了下来。随后，他像无数比赛失利的运动员一样选择退役。不过，跟别的运动员不同的是，李宁没有选择担任教练或者官员，而是选择创办以自己名字命名的“李宁”品牌，并且成功加盟广东健力宝集团。

李宁退役以前其实已经基本达到了马斯洛所说的五种需求层次，只是自我实现需求显然没有达到他想要的状态，于是就滋生出一种“欲求不满”的心理。

创立一个品牌对一位退役运动员来说，简直就像愚公移山，其困难程度可见一斑。但是李宁没有安于现状，他渴望达到一个更高的人生高度，更大化地实现自己的人生价值，所以他不断地学习怎样开公司，怎样创立企业，努力地学习之前26年来十分陌生的领域，甚至还投资了英雄联盟职业电子竞技俱乐部——LNG电竞俱乐部。他终获成长，取得了斐然的成就，“李宁”这一品牌也发展成国家级体育用品品牌。不仅如此，2010年，李宁还创立了非凡中国控股有限公司，不仅为体育的发展提供了良好助力，还主动承担了不少体育活动和大小赛事的组织投资，创建了多个服务于城市社区的李宁体育园和大众滑冰运动培训项目全明星滑冰俱乐部，并且对经营体育、健康、休闲生活消费品业务有所涉猎。在“欲求不满”这一核心驱动力的作用下，李宁无疑成长为一位优秀的在体育用品消费行业做出非凡贡献的人才。

人们能力有限，但又总无可避免地会有所期盼，在达不到自身期盼的需求之前，总免不了会滋生出“欲求不满”的心态。这无可厚非，甚至是一件好事。身处这种“欲求不满”的状态，我们才能最大限度地发挥出自己的潜能，快速地实现自身成长。

耐心：精神成长是一场持久战

2011年5月1日，年逾六旬的蒋勋出版了《蒋勋细说红楼梦》。蒋勋是著名美学家，他坦言，一本《红楼梦》，他从少时读到如今，已经读了几十遍。

在漫漫的时光长河中，一本书，他为何会翻来覆去读了五六十年，这是因为随着个人精神世界的成长，每次读到的《红楼梦》给个人的感悟和体验是完全不同的。

蒋勋少时，有躲在被窝内、打着手电筒读《红楼梦》的经历。那时他喜欢黛玉的高傲、绝对、孤独与伤感，喜欢史湘云的直率、天真和不拘细节，喜欢探春的聪慧与才情，喜欢她们对生命持有的乐观积极的态度。

那时，他恨不能一日内一口气把《红楼梦》读完。

然而，随着时间的增长、阅历的加深，再读《红楼梦》时，他却能怀着一颗悲悯的心，去读《红楼梦》中的芸芸众生。

蒋勋开始关注书中未戴主角光环、自身生命又深陷情欲无法自拔而不自知的贾瑞或薛蟠们。因为无法探寻到生命上进的动机，贾瑞或薛蟠们虽衣食无忧，却只能在人世间一点点堕落、沉沦。他们是生命中最卑微的角色，精神世界灰暗无光，却也是用着一生丈量人间四季。

当蒋勋读懂这一切时，已入花甲之年。

今日，蒋勋年过七旬，他仍坚持读《红楼梦》，但读的方式却和少时有了很大不同。少时，是唯恐一日不能看尽长安花；此时的他，放慢了脚步，以每天能阅读一点就阅读一点的方式，一遍遍重读《红楼梦》。蒋勋坦言，这可能是读《红楼梦》最好的方法。

此时的他，更是把自己的生命历程融入书中。他觉得自己，有时是喜欢孤独自处的黛玉，有时是在意现实成功的薛宝钗，有时又会在生命的影子中找到和贾瑞、薛蟠一样堕落、沉沦的时刻。

从青葱少年到耳顺之年，从读《红楼梦》到与他人分享自己对《红楼梦》的见解与感悟，时光荏苒，半个世纪过去了，蒋勋不断成长的精神世界让其对《红楼梦》的解读有了更深层次的感悟，这些感悟也在启迪着他的精神世界向更高一层迈进。

精神的成长伴随人类终身的成长，从初生的懵懂无知到自我认知的逐渐形成，再到自我的成熟和超越，个人的精神世界一直都是在蜕变中不断成长。这期间，我们收获了化茧为蝶的惊喜，也为其漫长的等待而焦躁。

在这个讲究速度与效率的社会，精神成长是一场持久战，常会让人陷入自我怀疑中，怀疑获取知识的质量与方向，怀疑自我认知和能力的欠缺，怀疑自己的努力和付出终不能成就更好的自我。

我们渴望更快速地成长，却很少有人考量，精神、阶梯性的成长是自我力量不断积累的爆发，正所谓厚积而薄发。我们需要有足够的耐心去积累，这个积累是知识的积累，也是能力素质的积累，更需要有足够的耐心去等待爆发的时机。

因为精神的成长不仅受限于个体长期、自主的学习，还受限于外环境等诸多因素。生活里，你遇到什么样的人，见到什么样的事，经历过什么，都将影响你以怎样的速度向更高的精神层面进发。

近两年，河南卫视的突然出圈，一度成为热议话题。

从《唐宫夜宴》到《元宵奇妙夜》再到数度燃爆热搜的《洛神水赋》，河南的出圈似乎就在一夜之间。这种呈爆发态势、势如破竹般的顶级出圈，让很多河南人都有些迷惑，怎么一直都不太重视的本土卫视却成了身边异地朋友的艳羡所在。

2021年12月31日，在美国纽约时报广场的大屏幕上滚动播出了以河南为代表的中国宣传片中，就有美轮美奂的《洛神水赋》。

是何种力量让一直在众多省级卫视默默无闻的河南卫视一下子火遍全球，继而带动中华优秀传统文化以极美的形态陶醉于世界？

翻看河南台的历史，它对本台节目的策划和编制，一直都在传承中华优秀传统文化上做文章，几十年不变的坚持背后，是超乎寻常的耐心。

有多少孩子童年的周末是守在爷爷、奶奶、姥姥、姥爷身旁听着《梨园春》长大的，又有多少武术爱好者的休闲时光是在《武林风》的对决中度过的，还有多少人对中原艺术品的认知、对中原深厚文化底蕴的了解是从《华豫之门》开始的……无以计数。虽然这些节目的收视率不低，但在一众邀请大牌明星站台，斥巨资打造的快本、奔跑类有着超高收视率的节目面前，显得是那么朴实无华。

多少年来，河南台的节目就是这样，不瘟不火，毁誉参半，但是河南台坚持对中华优秀传统文化的传承从未改变。

不论是藏在节目身后的制作人和编导，还是台前的演艺人员，她们深耕中国传统文化，下苦功夫，耐心做好手头工作，只为让节目再好一点、更好一点。

展现在观众面前的、总时长不到2分钟的《洛神水赋》，是团队工作人员共计拍摄3次、花费26小时创作出的视频素材剪辑而成的。舞者为了诠释翩若惊鸿、婉若游龙的优美诗句，一遍遍地演绎，长时间在水下舞蹈让舞者的毛细血管破裂，眼睛发红、流鼻血。

由此可见，《洛神水赋》这种现象级的作品之所以能够成功，一方面是河南台在传承中华优秀传统文化方面的耐心与坚持，另一方面则是主创人员对精品的追求和信心。

时光流逝，岁月蹉跎，她们春耕、夏种，静候秋日收成。这份静待时光的耐心，最终成就了河南台的出圈。

诚然，精神的成长是一场持久战，面对精神的成长，我们需要有足够的耐心。如同古人所言，千里之行，始于足下，只要一步步地走，我们终将走向所期望的未来。虽然路途漫长且遥远，但是柳暗花明，拐角遇到未来，有时你也会和河南卫视的出圈一样，就只在一瞬间。

第二章 <<<

反本能：盘点一下你为直觉交过的认知税

凭什么你十年努力抵不过别人的寥寥数笔

作为没有过人天赋的普通人，我们从小就被家长、老师教育说，要好好学习，好好努力，长大后才会有出息。可是在读书生涯中，却从来没有哪一个科目教会我们应该如何完成努力这件事。所以，很多人从大学毕业开始，就一直碌碌无为地混着日子，一开始还以为自己能出人头地，信心满满地认为不出几年便可以走上人生巅峰。但渐渐地，这样的心态很快就被工作和生活的琐碎所消磨，不出几年便感到力不从心，过上了得过且过的日子，甚至三十几岁还一事无成。不用怀疑，这样的人在大街上比比皆是，每天做着饿不死、吃不饱的工作，过着原地踏步的生活。

为什么你努力了十年、二十年甚至一辈子却还是一事无成呢？有的人随便在微博或是自媒体上写点什么，便可以轻松做到月入百万，早早过上衣食无忧的日子。说起来原因很简单，因为你从来不知道什么是真正有效的努力。那些寥寥数笔看似轻松的背后，其实是别人早期刻苦的沉淀。反观你的努力，可能是做一天和尚撞一天钟，迷迷糊糊地混日子，最终就会被时光所抛弃。

那么，什么才是真正有效的努力呢？有些人终其一生也没有明白，努力其实是人生中的常态，我们唯有向着深度进发，才能获得超额的价值。在这个过程中，不是用盲目的行动把时间填满就可以了，而是要看清自己后再拼尽全力。

作为当代最负盛名的中国青年钢琴演奏家——郎朗，从小便展现出对钢琴超高的天分。他3岁识琴，5岁便拿到钢琴上的第一个一等奖，举办了个人演奏会，10岁成功考入中央音乐学院，17岁在芝加哥拉文尼亚音乐节明星演奏会上以一首《第一钢琴协奏曲》名扬天下。这样漂亮的履历，让这位钢琴天才在世界乐坛上占有一席之地。回顾这些风光的背后，郎朗说除了父母，最应该感谢的还有那些在他音乐路上给了他金玉良言的“贵人”，正因为有了这些宝贵的话，才成就了他今日在钢琴上的造诣。

第一位“贵人”出现在郎朗9岁时。从小一路顺风顺水的天才并非生而就喜欢弹钢琴。他说那时候父母为了能让他顺利考取中央音乐学院，做出一个非常艰难的决定，父亲甚至辞去工作陪他到北京报考学校。本以为远赴他乡求学，个人的琴艺会得到更好的深造，然而，不知是什么原因，郎朗却陷入长达半年多的迷茫期。在这个时候，父母的压力也让他喘不过气来。他和父亲大吵了一架，自此三个月不愿意碰钢琴。他不断对自己产生怀疑，疑惑钢琴对他而言到底有什么意义，甚至让小小年纪的郎朗性格上也有了些孤僻。

一天，不愿练琴的郎朗去菜市场闲逛，用手随意地去敲西瓜听声音。有个小贩看到后就夸他说，你这手指可真长啊，真适合弹钢琴。年幼的郎朗听到陌生人的夸张，就敞开点心扉，跟他聊起自己的心事。一来二去，他俩渐渐相熟了。后来，郎朗重新开始弹钢琴也是因为这位西瓜小贩短短的几句话。他告诉郎朗：你弹钢琴的意义不就是有人愿意听你弹吗？想那么多干嘛，就当给我弹了，我想听。郎朗一听豁然开朗，便开始重新弹琴。后来，郎朗还喊这位卖西瓜的小贩为二叔。为了报答二叔当年的开导之恩，郎朗还给他在北京买了房。

另一个“贵人”是郎朗14岁离开祖国，到美国追求更高音乐造诣时遇到的老师——格拉夫曼。初到美国的郎朗，年轻自信，他将“完成国际上那些重大的比赛”当作自己最大的梦想，那时的他疯狂地想成为一名“有名气”的钢琴家。然而，他的老师却告诉郎朗不该带着这样的目的去弹琴。他的梦想受到老师的质疑。老师认为郎朗当时的想法过于功利，他告诉郎朗：只有真正投入钢琴当中，沉下心来，才会明白自己真正想要做的是什么。之后，郎朗不再一味地想要参加比赛，而是在老师的引导下，在一年半的时间里快速掌握了35首钢琴协奏曲、6套钢琴独奏会曲目。他完全投入其中，扎扎实实地学习，这些都是他走向成功的积淀。后来，也是在老师的引荐下，郎朗开始了他的职业钢琴演奏者的生涯。

当时年少无畏的郎朗可能想象过自己获得万众瞩目的时刻，但一定无法预知如今所取得的巨大成就。机会是留给真正努力准备的人的，只有你真正做到有效的努力，机会就会向你走来！

其实，每个人在成功之前都是无名小辈，有些人一辈子无名，有的人却能功成名就。或许有人说是命运，然而，成功人士之所以能成功，是因为他们坚信命运是掌握在自己手中的！并且，他们在成功的路上从来不是盲目出击。郎朗从一个无名之辈奋斗到成为最年轻的钢琴家，这其中的努力付出必定是最深层次的。

这样的深层次努力，就是告诉我们要拒绝在错误的道路上盲目前进，远离低质量勤奋。如果郎朗没有那一年半时间的刻苦练习，他有可能只是一个一直混迹于国际钢琴比赛当中的人。只有沉下心来付出真正有效的努力，它才能影响你的命运，改变你的一生。

那么，我们该如何掌握良好的学习方法实现深度努力呢？职场人应该会有这样一种感悟，那就是绝大多数人进入职场以后并没有从事与自己本专业相关的工作，一度被放逐到与自己专业毫不相关的岗位上。深度有效的努力恰恰就要求我们在选择职业时，选择自己真正热爱并且擅长的事情，而不是白白浪费大把的时间，去一知半解地探索自己根本不擅长的事物。只有真正的热爱，才能让我们的努力发挥更大的价值，不会让学校的教育和职场上的工作脱节，让我们把在校学到的知识真正用到社会工作中去。

学习和努力都是要讲究方法的。任何事情要想做到百分百的努力，一是要选择自己真正感兴趣的事情去努力，二是得到了周围人善意的鼓励。一味地压迫不能让有效的努力发挥真正的实力，反而会适得其反，不能达到最好的状态，甚至可能让你被越来越多的信息裹挟，不堪重负，失去学习的兴趣。

人生不会说谎，岁月也从未亏待每个人。任何人在奋力前行的路上，都要全力以赴，因为结果如何，全看自己的投入。一分耕耘才会有一分收获，时光从不轻易辜负任何人，人生的答案就藏在我们的实际行动中。愿我们深度努力，脚步不停，不负青春，才会不负此生。

坚持还是放弃，这是个问题

每个人的人生都不会是一段坦途。在这段旅程里，我们能看到春暖花开、阳光正好的时节，当然就避免不了荆棘丛生、风雨交加的时刻。

面对人生路上的众多未知，我们必须学会面对未知所带来的各种选择，选择的背后到底是机遇还是挑战呢？谁也没有提前预知答案的能力，所以在这些时刻，我们很容易感到无助和彷徨。举个很简单的例子：当我们选择的事业偏离长辈的规划时，没有干出一番成绩的你是否会在深夜感到迷茫？会不会开始判断这样的“叛逆”究竟正确与否呢？特别是一天被安排得满满当当之后，这样的感受自然会更加强烈。所以，当我们不可避免地遇到问题时，势必就会茫然和无措。

这其实是很正常的。面对前路茫茫不知如何抉择时，到底是继续坚持还是及时止损选择放弃呢？这个问题始终存在于我们人生抉择的不同情境中。在坚持梦想和完成目标的过程中，我们都会陷入一种困惑：什么时候该坚持，什么时候该放弃？为什么有时候放弃可能比坚持还困难？该如何更好地解答这些问题？要知道，如何在坚持和放弃中做好权衡取舍是非常关键的，因为这决定了我们将要成为怎样的人。

作为如今市值高达485亿美元的小米公司创始人，雷军这个名字想必大家多少都有所耳闻，正是他及背后的团队用了不到10年的时间让小米公司跻身进入世界500强企业的名单。要知道在此之前，从来没有哪个中国企业能在这么短的时间内进入世界500强，可见小米公司的发展速度和潜力是十分惊人的。那么，雷军是如何取得这样高的成绩的呢？回顾雷军的创业之路，在他的身上，我们可以很好地看到如何才能成功地在坚持与放弃之间做选择。

作为武汉大学计算机系高材生的雷军，读完大学后便顺理成章地闯荡进入计算机市场。他1992年年初进入金山公司工作，从开始的小小程序员做到了CEO。在此期间，他还与同事合作编著了《深入DOS编程》。因为喜欢研究计算机，雷军对计算机的涉猎十分广泛，喜欢动手实操研究各种软件。不管是加密软件、杀毒软件、财务软件、CAD软件、中文系统以及各种实用小工具等，他都爱捣鼓，还和王全国一起做过电路板的设计、焊过计算机的电路板，甚至还干过一段时间的黑客，解密各种各样的软件。

初出茅庐的雷军，就这样从一个22岁的年轻小伙一路捣鼓到了38岁，成功将金山公司做到IPO上市。他在金山工作了整整16个年头，但却在金山公司成功上市后毅然辞职。究竟是什么样的缘由能让他放弃前半段人生的精彩，重新开始小米公司的创业之路呢？明明已经坚持了16年，为什么成功后却选择放弃再创业呢？

当时很多人不理解雷军的做法，但对于雷军来说，坚持还是放弃，都不是他人生中难以抉择的问题，他所考虑的因素只是热爱。他认为只要是热爱的梦想，无论是坚持或是放弃都是值得的。只要你的选择能够成就你的梦想，一切问题都会迎刃而解。毕竟要放弃一个成功企业家的身份，重新创业的勇气不是人人都能够有的。就连他自己都说，他之所以选择再创业，是因为当时的这些所谓成就离他的梦想还太遥远。虽然他也明白再次创业的风险是失败后的身败名裂，但他所坚持的梦想的力量最终战胜了他的担忧和恐惧。对于他来说，这样的放弃何尝不是另一种坚持呢？对梦想的坚持。所以，在他身上，坚持和放弃其实并不矛盾。

后面的故事我们都知道了。雷军带着坚持的毅力和放弃的勇气，经过8年的披荆斩棘，靠着3000万起家的小米10年便完成正式上市，现在市价高达485亿美元。最终，雷军终于成为自己想成为的人。在他身上，我们可以看到坚持和放弃本就是辩证的统一体，不应一概而论。雷军说他是一个善于坚持的人，他16年的坚持带领金山团队完成上市；他也敢于放弃，没有釜底抽薪的决心，绝不可能创立如今最多元化的小米企业。他的坚持和放弃都是因他的梦想而发生转变。

作为普通人的我们，不能人人都成为“雷军”那样的大神，因为对于坚持多年的目标，我们很难做到放弃，总是考虑这考虑那，畏首畏尾地害怕过去所有的付出可能会付诸东流，也会因为害怕或不愿承担损失，顽固地在错误的道路上坚持不变，抱着模棱两可的目标不放手。到底什么时候该坚持，什么时候该放弃呢？

在雷军的身上，我们能学到的就是专注的坚持和不怕重新开始的放弃。雷军对于实现自己的梦想有着非常明确的目标和信仰。我们知道，如果目标是错的，那么无论怎么用力都是无效的付出，所以目标或是信仰都不应该是僵化和刻板的，要学会放弃过多无效的选择。尤其是在实现梦想的过程中，我们会遇到各种问题和挫折，如果选择坚持的东西太多，就会带着犹豫的心态，导致你在任何一个选择上都不敢100%地投入，做不到“轻装上阵”，因为犹豫你投入的时间、精力和资源可能会白白浪费。如果不能随机应变、顺应时代，一味地坚持可能只是为了坚持而坚持。我们只有让自己的坚持灵活、可变通，才更符合自己的实际情况。

除此之外，批判地看待所遇到的问题也是很重要的。要想长期坚持一件事，必须满足四个基本要求：坚持的目标有内驱力、选择的目标坚定、短期能得到正向反馈、选择的方向必须正确。如果我们常常对自己的观念、信仰抱有自我保护的想法，不敢承认它们是不够全面的，这样的坚持绝对是失之偏颇的。所以，放弃过多的自我损耗，可以让你有足够的内驱力。即使对于有些坚持，你一时还舍不得放弃，但过多的坚持只会让你原本的消耗累积成更大的困境。而放弃所谓的沉没成本，可以让你不再浪费宝贵的剩余资源，将它们投入真正要坚持的事上。所以，要采取批判性的方式看待我们的问题，是选择坚持还是放弃，这样我们才不容易陷入失调的局面当中。

每个人都有自己的梦想，也都曾幻想过如何才能成就自己，成为英雄。成长路上的坚持和放弃则能让我们更好地实现人生目标。人生说长不长、说短不短，所以大胆地放弃该放弃的吧，学会了放弃，你才能更好地坚持。人生只有一次，我们要在有限的时间里让自己的生命发挥出无限的价值。虽然在这个过程中我们会发现自己其实并不出众，但做好取舍，是坚持还是放弃，才不枉来这人世间一次。

经验只能解决经验能够解决的问题

自北京冬奥会开幕以来，各类关于奥运的热门话题就在社交平台上引起大家非常广泛的讨论。随着北京东奥会赛事如火如荼地进行，我们在关注运动员在赛场上奋力拼搏的同时，也不难发现各类运动品牌也没有闲着。其中一个品牌更是在本届冬奥会上出尽“风头”，那就是成为2022年北京冬奥会和冬残奥会官方合作伙伴的安踏。

可能在年轻消费者的观念里，安踏并不像国外运动品牌如耐克、阿迪达斯那么深受年轻消费者的喜爱，甚至认为安踏主要面向的是性价较高的百元市场，产品的样式并没有那么多变。其实不然，能成为奥运会的官方合作伙伴，安踏自然有它的过人之处。是什么让这个在三十几年前还只是一家小小鞋子代工厂的安踏，成长为年收入过亿的上市企业呢？这背后当然离不开安踏掌舵人丁志忠的经营。

回顾丁志忠的成长之路，不难发现他是一个不满足于现状的人。正是他身上这股子敢打敢拼的劲儿，让他将这个小小的家族制鞋厂成功做到在香港融资上市，实现其他人想都不敢想的成就。可能他一开始就没有想过只躲在父亲的经验之下吃老本，他深知经验只能解决一部分问题，要想有更长远的发展，就必须顺应时代发展做出改变。

作为连初中都没有毕业的农村小伙，为了给家里的制鞋厂开辟更大的市场，丁志忠仅仅带着一万元和父亲从同村人手中收购来的600双鞋子就只身来到北京闯荡。在此之前，他能学习到的只是父亲总结下来的办厂经验和扎实的制鞋技术。他明白要想在北京这样的大城市留下来且赚到钱，就必须学习新的销售技巧，从前的经验并不足以让他在北京安身立命。所以，丁志忠认真地学习其他人的销售技巧，挨家挨户地推销自家的鞋子。有远见的他还边卖鞋边琢磨如何才能让鞋子的销路更广，不断钻研消费者喜欢什么款式的鞋子，再把学习到的新思想带回到老家的制鞋厂。在北京打拼多年，丁志忠成了鞋业的营销专家。

当时，晋江的鞋厂几乎只能获得些海外鞋子品牌的代生产订单，做的都是贴牌产品的生意。丁志忠经过认真思索后，觉得晋江鞋之所以不能像海外品牌那样卖得出好价钱，主要就是没有形成自己的品牌。同样质量的鞋子，晋江鞋卖价不到20元，这样大的价格差距让丁志忠萌发出必须打造出属于自己的知名品牌的愿望。

1994年，丁志忠从北京回到家乡，打算利用在北京卖鞋攒下来的40万元进一步扩大家里制鞋厂的生产规模，希望能创造出属于自己的品牌，这样才能给自家的鞋子带来更广阔的市场。在当时，40万元对于这样一个普通家庭来说已经是一笔巨款。丁志忠在与父亲和哥哥商量之后，便推陈出新把家里的制鞋厂改名为“安踏制鞋厂”，这就是安踏公司的前身。他担任起主管营销的副总经理，让鞋厂有声有色地壮大起来。

但真正让安踏打开国内市场大门、实现品牌效益不断增长的另一关键事件是在1998年，丁志忠决定花80万元签下世界乒乓球冠军孔令辉作为安踏的品牌代言人。

要知道在此之前，请体育明星代言的路子只有耐克、阿迪达斯等国外品牌的鞋子在尝试，国内的运动鞋品牌几乎没有人是这么营销的。所以，当丁志忠宣布要以每年80万元的代言费请孔令辉作为安踏鞋子的形象代言人，还要以每年300万元的广告费投入体育频道CCTV5时，立刻就遭到公司很多人的反对。对于稳扎稳打惯了的家里人来说，只要公司有盈利就好，何必花那么大的力气瞎折腾呢？因为在当时这两笔巨大的广告投入几乎已经占去安踏公司全年利润的三分之二，因此家族里的不少人认为丁志忠这次的赌注太大了，万一打了水漂呢？但丁志忠一直苦于寻求如何打造自己的品牌，他觉得只有付出才会有所收获，如果不能打破常规打响自己的品牌，安踏公司永远不可能做大做强，所以他一再坚持，最终让这一方案得以实施。

两个月后，安踏迎来了订单爆满、供不应求的局面。可以说，选择孔令辉作为产品代言人是丁志忠打破经验后走得相当成功的一步。因为随着孔令辉在2000年奥运会上一举夺得乒乓球男子单打奥运冠军之后，丁志忠的安踏真正成为全国家喻户晓的知名运动品牌。安踏公司的销售收入也跟着品牌效益水涨船高，在2001年还只有1个亿的收入，而到了2006年，就已达到12.5亿元的效益。

就在丁志忠的成功经验被其他国产品牌争相模仿时，丁志忠又在不断地寻求其他转型之路。他知道一个品牌要想走得长远，光靠一时的广告效应是远远不够的，所以又立即着手扩建安踏全国的营销网络，还将营销方式由原来请体育明星代言转为赞助一些重大赛事，成为中国篮球联赛等赛事的赞助商。在2007年安踏成功在香港融资上市之后，他不再局限于赞助国内篮球联赛，还将目光瞄上美国的NBA赛场，进一步扩大安踏品牌的影响力。

不过，令丁志忠最骄傲的还是在2009年6月一举击败强劲对手李宁、阿迪达斯等品牌，成为中国国家奥委会体育服装赞助商。这一步开启了安踏品牌的奥运营销之路。中国的体育健儿由此在众多重大赛事中都身着安踏运动装，驰骋在世界各大赛场上。

安踏与奥运会的紧密绑定实现了安踏公司全方位营销的破局。就拿这届冬奥会来说，安踏几乎涵盖运动员大大小小的运动品类，可以说有运动员身影的地方就有安踏。超强度的产品植入也真正践行着安踏的那句广告词：“爱运动，中国有安踏。”这不仅增强了产品曝光度，也能够凭借运动员的影响力提升受众对安踏产品的认可，更实现了安踏品牌的弯道超车，将一众竞争对手甩在身后。在不断变化的市场环境中让品牌价值不断攀升，占据一席之地，安踏逐渐成为大众心目中的国民运动品牌。

一路走来，丁志忠的每一次品牌战略和营销战略的成功运作都需要他审时度势。如果只是依靠前人的经验和方式，安踏肯定不会有今日成功的局面，更不能让安踏成功地瞄准机遇，抢占市场先机。因此，要想在时代的浪潮中乘风破浪，敢为人先的魄力显然是不可或缺的，唯有如此，才能更好地打开人生的新思路。

是贫穷限制了你的想象力，还是你习惯了底层思维

2021年，某爽日进208万冲上热搜，更有某主播因偷税漏税被罚13.41亿。面对这样层出不穷的社会新闻，人们经常会说，是贫穷限制了我的想象力，为什么人家可以日进斗金轻轻松松赚到我们普通人奋斗一辈子也难以企及的财富，挣扎在996职场上的打工人每日精打细算仍要为下个月的房贷所苦恼？

其实，限制你想象力的并不是贫穷，而是你的思维模式，你的大脑习惯了底层思维。归根结底，这个世界贫富差距如此大的原因就在于人的思维方式不同。富人也许会一时落魄，但他们迟早会翻身逆袭，而穷人即使拥有一大笔钱，最终也会一贫如洗。这是人在思维模式上的差距导致的。

对此，经济学专家做过专门研究。结果表明，在一定前提下，贫穷确实会让人的思维适应底层逻辑的思考方式，并不是贫穷造成个人能力的不足，而是贫穷造成的稀缺感俘获了人的注意力，进而降低人对自我的期待值。对于大多数人来说，我们有过贫穷的经历，当然这里的贫穷主要是从物质层面来论述的。因

此，当大多数人经历经济困难时，他们很容易丧失正确的判断力，从而做出不明智的选择，或者急于求成，做事缺乏耐心，没有经过思考就想着改变现状，这显然是不会成功的。

不知道你们有没有听过这样一个故事：在印度菜市场里生活着的大多数穷人每天都会向富人借1000卢比去进货卖菜。等到货卖完以后，他们大概能够赚取1100卢比，但他们要支付给富人1050卢比的本金加利息，而自己仅仅只能赚50卢比，因此菜场里的大多数人只能维持在温饱线上。

一天，一个年轻人想到，其实这些菜场里的小贩可以每天省下5卢比，依靠复利效应的方法，只需要短短50天，穷人们就可以不用再向富人借钱了，他们的收入自然能大幅度攀升，财富基本触手可得。可是小贩们却没有人听从他的建议，还是坚持向富人借钱，每天付给富人50卢比的利息。长此以往，富人即使不用工作也能越来越富有，穷人则仍需每日辛辛苦苦地进货卖货，却越来越穷。

这就是长期处于稀缺状态的人会越来越穷的原因。穷人的判断力和认知力会过于关注眼前的问题，大大降低长远发展的眼光，最终只能在温饱线上不断挣扎。底层思维已经让他们的思想变得更加愚笨和冲动，所以一个人会习惯贫穷而不愿改变。

更可怕的是，穷人的思想真的很难让其从贫穷那张网里挣脱出来，久了连被这张网束缚了也不知道，最终只能感叹："为什么我这么努力了还这么穷，我都这么节约了为什么还是没有钱！"

其实，关于贫穷，你首先要改变的是思考方式。你想要立刻改变没有错，想要解决问题更没有错，错的是你认为的“即刻行动”就是有效的方法和举动迷惑了你。

罗永浩的创业故事想必大家都听说过吧？很难相信，他因为进军手机行业最后欠了6个多亿成为“老赖”。回顾他的创业之路，这6个亿仿佛是他盲目碰水科技行业的试错成本。要知道2012年的他可谓意气风发，因为他和他的锤子科技如同异军突起。那时手机行业正值风口，人人都希望自己是那只站在行业风口的猪。所以，罗永浩虽然不是科班出身，但还是信心满满地注册了锤子科技，选择进入手机行业。一开始，他的锤子科技的确不负众望，依靠他强大的群众基础和良好的口才能力一时风头无两，在B轮融资中甚至拿到1.8个亿的资金。

但是两年后，那部在聚光灯下依托锤子科技情怀和理想的手机销售结果却不尽如人意。这部手机并不像罗永浩标榜的那样是“精品”。在质量品控方面，它不仅漏光、碎屏等问题频发，就连市场口碑反响也远不及预期。正因为手机品控遭到大多数公众的质疑，软件功能也不断被嫌弃，这部手机在市场上根本举步维艰。种种情况之下，大众不得不怀疑罗永浩在贩卖的似乎只是他的“情怀”。

此后几年，锤子科技的新品发布节奏始终跟不上市场，产品存在的问题始终得不到改善，一系列的原因让它始终难以在智能手机的市场争得一席之位。而后频频传出资金链断裂的问题。最终，罗永浩留下的只是被锤子砸碎了一地的豪言壮语和理想主义的美梦，不得不暂别手机行业转而卖艺还债。

从罗永浩的第三次创业之路，我们发现如果转变底层思维的方式是冲动、激进，后果想必就会如此惨痛。到底怎么做才能改变穷人的底层思维呢?

首先，学会观察自己，学着梳理自己跟金钱的关系。每个人对于任何事情的看法都是不一样的，所以处理事情的方法也不一样。如何让问题得到更圆满的解决，我们要做的就是提升自己的能力，多学习专业知识，丰富自己的认知。大量阅读书籍，再结合自己的想法和感受映射到行动当中，做起事来才会事半功倍。比如，从经济学的书籍里了解财富流转的本质，这不就是我们俗话说的“知识改变命运”吗?

其次，理智干预理想化的思维模式，打破固有习惯。可能在过去的思维定式中，我们或多或少已经养成错误的思考习惯。比如，有些人的消费习惯可能是一拿到工资，就忍不住刷购物网站消费掉一大半，只给自己留个饭钱；或是提前消费，每月都要还上个月的信用卡账单，每个月末饭钱都不够了，只能顿顿依靠方便面。那么现在开始，你就要记下顿顿方便面的差评体验，改变自己的消费习惯，记下购物花钱一时爽后的空虚和不良结果，同时培养另外一些不花钱的爱好来转移自己的注意力，打破这些不好的惯性。

最后，试着迈出恐惧的一小步。到底是什么拉开了人与人之间的差距呢？除了思维方式，行动力和执行力也占很大的比重。有些事你如果不去行动，永远只能做纸上谈兵的空想主义者。所以，即使带着恐惧、慌张，我们也一定要硬着头皮迈出行动这一步。哪怕是最坏的结果，也可以让我们学到做事情的经验。当然，行动之前我们要学会考虑周全。大多数情况下，只要你勇敢地迈出了一步，就会发现之前的担心似乎低估了自己的能力。总之，万事想改变，最难的都是第一步，迈出去了这一步，再次回头看时，你可能会惊讶于自己一开始的不作为。

所以，任何处境都只是一时的，此时的能力只会影响你眼下的成绩，但思维方式的改变，却能最终影响你人生长远的格局。一个人的眼光不该局限于过去的成长环境与经历，要大胆地做出改变，才能真正地让自己的人生大放异彩。就像罗永浩，虽然他的莽撞给了他当头一棒，不过他的大胆改变同样值得我们学习。只要用对的方式和方法改变自己的底层思维，“一切皆有可能”才不会只是一句空话。

用新习惯替换你生命中的那些习以为常

在日常生活中，每个人多少会有自己固定的小习惯。比如，有些人习惯在工作中提前做好计划，但有些人却习惯于在工作中临场发挥。正因为每个人的习惯不同，所以每个人选择的轨迹也不一样。

当然，一个好的习惯或许能够帮助某些人成就一生，像大名鼎鼎的巴菲特为了能最早看到第二天的《华尔街日报》，便养成在凌晨四点早起取报纸的习惯。正是这样早起的好习惯，让他每天都能及时了解最新的资讯。不好的习惯则会让你看起来一生平庸，像经常熬夜加班、暴饮暴食、久坐不动等。这些不起眼却糟糕透顶的日常习惯，不仅让你每日打不起精神，还会让你的身体随时处于亚健康的红色警戒线里。

这些习以为常的坏习惯背后，其实都是自身人格的一部分，它多少反映着每个人内心的深层需要。要想改掉这些不良的坏习惯，首先要了解这些坏习惯，要知道每一个负面且带着自我损害的习惯背后都有一个正面的动机。如果我们像面对敌人一样试图去击败它，只会让坏习惯更快成为你的主人。因为这些坏习惯归根到底就是由于每个人在体力、思想和情绪上的懒惰，惰性才是万恶之源，它让大多数人习惯于待在短期的舒适圈，追求一时的安逸，才会渐渐迷失方向，流于平庸。

所以，修炼好习惯的关键，很多时候就是克服惰性。因为优秀是一种习惯，不优秀也是一种习惯，改变坏习惯最好的方法是培养另一种好习惯去代替。在改变的过程中，我们还要找到影响自己的那个最根本的核心习惯。只有抓住最核心的新习惯去替换生命中的那些习以为常，结果才可能会焕然一新。

举个很有趣的例子：始建于1888年的美国铝业公司，在当时被很多人认为是全球最大的铝业公司，它的效益一直非常好，在众多国家和地区拥有运营机构。但从1986年开始，这个老牌的美铝公司却由于自身管理上的疏忽，多次出现管理失误，最直接的后果就是被当时的竞争对手抢走大部分的顾客和利润，导致公司面临破产的风险。

就在这个风口浪尖的紧要关头，美铝公司的董事会决定换CEO，奥尼尔总裁上任了。为了扭转公司的经营状况，他下了不少功夫，发现最核心的问题就在于员工的工伤率。为此，他做了一个很小的改变，就是在公司考核制度中增加了一个非常容易考核的指标，它面向所有公司的员工，就是不管采取什么方法、什么代价，只要把公司的工伤率降为0，即为达到考核。

在此基础上，奥尼尔还要求公司一旦出现工伤事故，无论大小，必须24小时内直接汇报给他，而不是层层递进、互相扯皮。

他还要求下属在事故发生后第一时间提出不再发生此类事故的对策，下属做到了就能晋升，做不到就要被撤职。这样的做法不仅改变了此前公司处理工伤事故的做法，也让公司员工从之前的爱找原因转变为积极想对策。

这个看似不起眼的零工伤率，却是奥尼尔从上任到退休都在狠抓的事情，虽然它和公司的销售收入增长率或是利润增长率相比很是微不足道，但却有着核心影响力。正是零工伤率这一指标的实施，公司实现转危为安。因为要将工伤率降为0，出了事故之后必须24小时内上报，高管人员就必须深入一线工厂。这么做实际是将公司此前烦琐的管理结构简化了，极大地提升了公司的工作效率，并让各个管理层将信息及时上报给奥尼尔。公司组织结构经过调整变得扁平化，高管人员的管理水平也随之有了提升。

这个小小的改变导致了意想不到的结果。随着零工伤率考核指标的实施，工伤率自然不断下降，员工的满意度和士气随之不断提升，最终公司的销售收入和利润也跟着增长。回顾整个过程，奥尼尔其实是把零工伤率变成所有美铝人的新习惯。这个新习惯的养成加速帮助其他好习惯去代替原来的陋习，使美铝公司的行为模式焕然一新。

从上述的例子当中我们不难看出，虽然改变某些习惯是不容易的，甚至有时候需要花费很长的时间，也会经历习惯的反复和失败，不过，一旦我们弄清楚养成新习惯的原理，就能够分析出养成新习惯可以采用暗示、奖赏的方式，加之一定程度的自律，你自然就有了超越习惯的力量。接下来，我们要说的就是如何养成新习惯。

首先，找到能够帮助养成新习惯的一些暗示，这些暗示最好是简单又明显的。如奥尼尔，他一开始就制定了容易被考核的指标，让所有人产生一种容易达成的心理暗示。有了简单的暗示，改变起来心理负担就会少很多，接下来的行动就成为很自然的事情。

接着，培养一个好习惯替代坏习惯还需要我们清楚地指出有哪些奖赏。比如，可以每天给自己定一个小目标，如每天阅读10分钟，或是记住5个英语单词，一旦达成这样的小目标，就可以给自己一些明确的奖赏，如夸夸自己，或是给自己一些物质奖励。久而久之，你自然会养成阅读和学习英语的好习惯。

当然，对于根深蒂固的坏习惯来说，一旦形成就会变得非常稳固，不容易一下子就成功改掉的。所以，除了要在一定条件下给予暗示和奖励，替换掉原来的行为，还需要我们抱有一定程度的自律。我们要学会倾听自己的内心，了解自己真正想要做的是什么，想要成为怎样的人，也就是自己的人生渴求什么。当你真正喜欢做一件事时，自律就会成为你的本能。

人生的本质应该是追寻更好的自我提升。什么才是好的自我提升呢？应该是用新的好习惯替换掉那些污垢似的习以为常，把自己的思想、能力、意志等进行一次全面整合，改掉生命中那些让你颓废堕落的坏习惯。当然，接纳并了解坏习惯也是前提之一，带着感激的心面对坏习惯，坏习惯才不会被压制从而捣乱，才能真的做出相应的改变。

要相信一部分人之所以能够成为精英，正是因为他们不间断的正向行为习惯的驱使。在这个过程中，我们一定要学会给自己暗示，相信自己一定能成为想成为的人，不要害怕犯错误，更不要惧怕坏习惯。只要你学会自我改正，不断朝好的方向养成新的好习惯，好的机遇自然会随之而来。

三更眠五更起并不会让你变得更好

在工作和生活中，很多人为了能够快速获得更多的利益与财富，便不停地通过“挤出”时间来换取。殊不知，最后的效果往往不那么尽如人意。因为大多数人错误地认为创造只会发生在把新想法和概念塞进大脑的时候，事实上，创造也发生在大脑休息的时候。

大量研究表明，在大脑处于认知完全休息的时段，睡眠可以帮助我们整理和优化脑海中的已有知识。甚至在日常工作中，好的睡眠可以帮助我们节省 50% 的时间处理碎片化的信息，让我们更有效率地完成工作。反之，没有充足的睡眠，则会让我们的工作效率大打折扣。

不知道你有没有经历过这样的时刻，明明有一些迫切需要完成的工作你想熬夜把它做完，可是熬夜时的脑袋就像塞满棉花，你根本无法全身心投入其中。甚至很多情况下，熬夜的我们坐在办公室里，呆呆地面对电脑屏幕前那些亟须解决的工作，或是努力想要达成一定的目标，效率却出奇低下。尽管你强打着精神想要做好，但情绪却容易变得沮丧，意志力也开始走下坡，思维更是不知道飞到哪里去了。这时，我们不得不承认，这样不符合正常作息的工作方式只是在不停地耗费时间罢了，完全没有效率可言。

现实生活中，还是很多人奋不顾身地“熬着夜”，特别是在年轻人群体中，熬夜似乎已经成了一种普遍现象，甚至出现“报复性熬夜”的现象，通过牺牲睡眠时间寻求精神上的补偿。这样的生活方式显然是不可取的。这其实就像把自己逼进一条死胡同，当我们越努力往里钻，你就会发现你的努力只是竹篮打水一场空，因为就算完全钻进去，你也很难从胡同里快速脱身，还会离你的目的地越来越远。所以，要想更高效地完成工作，平衡好自己的作息时间，做到劳逸结合，是非常重要的。

在刚刚过去的2022年北京冬奥会上，中国选手谷爱凌是妥妥的“顶流”。她凭借出色的表现，在自由式滑雪的三个项目上收获了两金一银的好成绩。如果你以为她仅仅只是在滑雪上表现突出，你就低估了这位天才少女。她在备战冬奥会之前，就已经提前完成高中学业，还以超高的分数考进美国名校斯坦福大学。不仅如此，她还热爱篮球、越野等各类极限运动，引得网友大呼：“这样‘开挂的人生’，她到底是怎么做到的？”对此，谷爱凌高情商地大方分享了自己成功的秘诀，她说睡觉就是自己的“秘密武器”，从小妈妈就让她每天保证有10小时的睡眠时间，这个习惯延续至今。作为同样是学霸人设的谷妈妈，她对谷爱凌的教育理念中最重要的就是要“多睡觉”，认为只有良好的休息才能保证充沛的精力。所以，她总是对谷爱凌强调睡眠的重要性，为此谷爱凌还亲切地称呼妈妈为自己的“睡眠警察”。

10小时的睡眠对谷爱凌来说有多重要呢？她还补充解释说，正是因为有了充足的睡眠时间，才让自己的天赋和热爱发挥出最优值。睡眠会帮助她巩固新的记忆，每晚她都会在脑海里将自己白天练习过的动作完整地“复盘”一遍，将学过的知识深刻地刻在脑海里。这样持续地重复回顾可以很好地刺激大脑的突触传递效能，类似“熟能生巧”的原理。所以，谷爱凌不仅在赛场上不断练习，在睡觉时，她的大脑中同样没有闲着。

良好的睡眠对于谷爱凌来说，不单单是一种“睡着”的状态，她还通过睡眠来缓解白天训练的疲劳，使自己体内的各个器官得以休息、调整，完成更好的修复与更新。只有保证良好的修整环节，第二天的学习和工作才可能更有效率，为学习新的动作腾出空间。

作为普通人的我们，难道也要每天睡10小时来改变命运，走向“开挂”人生吗？这样的说法多少有些夸张，但三更眠五更起的方式不会让你变得更好。实践表明，睡眠不足的危害远远超过我们的想象。如果一个人长期持续性地熬夜会导致我们身体里的能量物质代谢紊乱，从而导致瘦素分泌减少，这时肥胖问题、秃头问题自然会不请自来。此外，缺乏睡眠还会导致我们的记忆力快速下降，身体机能的免疫力不断减弱，大大增加诱发心脑血管疾病和损害胃肠道健康等各种慢性疾病的风险，最后导致癌变……当然，除了影响生理健康之外，睡眠不足也会降低我们的幸福感，甚至对于我们的情绪稳定也有影响，缺觉使人更容易感到抑郁。

所以，如果你做不到每天睡10小时，至少也要保证7小时的睡眠时间。当然，每个人对睡眠的需求并不相同，不必盲目跟风每天一定要睡够几小时。比起睡足一定的时长，睡够睡眠周期更为重要。那么，我们该怎么平衡好休息与工作之间的关系来提高效率呢？

首先，要遵循劳逸结合的原则。任何工作或是学习都不是一口气就能做好的，所以没有必要在一个很短暂的时间里蛮干。我们要做的不是拼时间、打疲劳战,不要争一日的长短。只有保证较充足的睡眠，实现学习、工作与休息两不误，才是一个良性循环。

其次，着眼于提高单位时间的效率，而不是从增加劳动强度中找出路。因为人的精力是有限的，我们应向效率要时间，让自己更加专心致志地利用好自己的精力。专时专用可以让我们减少那些磨蹭的时间，致力于在工作中摸索到一定的规律,找对路子、找对方法，科学解决工作和学习上的难题。

另外，坚持锻炼也可以帮助我们更好地做到科学作息。强健的体魄是保证高效率的前提，只有充沛的精力才能让我们的头脑保持清醒。常言道：身体是革命的本钱。适当的运动不仅会让我们的睡眠质量更好，也是我们享受和创造一切物质的基础与重要保证。

任何时候，想要用短期突击的方式、凭着一股热情去拼搏，都是行不通的。它只会让我们的思想高度紧张，精力过于集中，身体也容易虚弱。

要想生活得有张有弛，就要形成具有一定规律的、科学的作息习惯，同时注意劳逸结合，做好体育锻炼。对于现代人快节奏的生活模式而言，睡眠健康越来越成为我们下一个要重点关注的问题。虽然睡眠这件事相比其他而言，显得不是那么举重若轻，但良好的睡眠绝对可以让你保持最佳状态，让自己的好状态持久续航。只有足够重视睡眠，好好睡觉，才能帮助我们成为更好的自己，拼搏出属于自己的完美人生！

第三章 <<<

破茧：如何对抗人性的弱点，化茧成蝶

沉湎于网络，可能会让我们的大脑萎缩

你知道吗？你每一步的沉湎都会给你的大脑带来不可逆的伤害。

时代的进步，科技的发展，让网络成为我们必不可少的生活必备品。如今，各种网络软件应声而起，短视频、游戏、物联网应运而生，让网络世界更加丰富多彩，令人欲罢不能。网友更是调侃说“朋友和Wi-Fi，我选Wi-Fi”“我选朋友，但朋友选了Wi-Fi”等，可见网络已经确确实实地融入了我们的日常生活。

虽说网络得到进一步发展，从原来的功能性更强到现在的娱乐性更强，但也随之带来一些弊端，如精神污染、网络沉迷……

你有没有这样的时刻，如刷短视频不知不觉从早刷到晚？为了游戏不挂机影响吃饭、学习，一局结束后还是忍不住想再来一局？

如果你有以上情况，那么就要注意了。

网络成瘾带来的不仅仅是身体健康、视力、自控力等方面的危害，还对大脑发育产生影响。

网络是个信息大爆炸的世界，我们处在网络中，大多数时候

是处于一种被动接受信息的状态。每当你刷到一个短视频，你的大脑都处于一种接收信息的状态。

但是大脑重要的功能并不只有接收信息，更有接收到信息后的整合、归类、联想、想象。接收到信息后的学习、记忆与思维才是脑的高级功能，也是人类进化以来的显著成果。所以，当你长久地只接受不思考时，你的大脑就会“退化”，你接收的信息在脑海中建立的瞬间记忆也会随着哈哈一笑而逐渐遗忘。少数的思考，少量长久记忆的形成，导致大脑的思维得不到锻炼，而大强度瞬间记忆的涌入却使一部分大脑功能疲惫不堪。所以，很多人会出现玩手机、看电脑时间久了头昏脑胀，思维涣散，注意力难以集中的状况。长此以往，这样不均衡的脑力运动肯定会极大地损害大脑的智力发展。

沉湎网络这种现象可以说各个年龄段都有，但是青少年尤其多，加上青少年主要处于大脑和身体的发育阶段，对身体、大脑的危害可想而知。

有研究表明，长期沉迷网游孩子的大脑结构和患有阿尔茨海默症的老人的大脑结构高度相似。

当然，极大相似并不代表完全一样，不代表长期沉迷会形成阿尔茨海默症，但是阿尔茨海默症作为一个病症，与它相像怎么来想都是对健康不利的。

首都医科大学宣武医院功能神经外科副主任医师倪端宇表示：“青少年正处于脑发育关键时期，长期沉溺于网络可能造成脑功能损害。”

除此以外，沉迷网络也会损害前额叶功能，尤其是对正在发育的青少年来说，会出现认知下降、自控力下降、暴躁易怒等情绪。

你有没有出现过明明在手机上荒废时间，但还是不受控地放不下手机，在网络世界中精神变得越来越空虚，却还是摆脱不了这一恶性循环？

家住合肥市的小宇正在上小学二年级，别看他年纪不大，却把不少网游玩得很溜。逐渐地，小宇的妈妈郑女士发现在接触网络游戏后小宇变得越来越沉默，对周边的人和事都不感兴趣，有时候吃饭拿着手机，嘴巴都不会嚼。郑女士说，以前儿子喜欢户外活动，也喜欢和同龄小朋友一起玩，但是有了游戏之后，他就不太愿意说话了，也不想出门。以前在路上碰到同事，他会主动打招呼喊“叔叔、阿姨好”，现在他都没有表示，和父母的交流也少了。

家住吉林省长春市二道区的才女士也饱受孩子沉迷网络游戏的困扰。“我儿子目前上高中，长时间熬夜打游戏，孩子的身体出现了很多问题，比如偏头疼，有时还会莫名的心悸、胸闷。我还发现孩子处理问题偏激，情绪波动大，有性格孤僻的倾向，到医院检查后查出轻度抑郁症。”

沉湎网络会出现精神依赖乃至身体依赖，可能就和这些行为的发生有关。我们的大脑具有可塑性，是指脑有适应能力,即在结构和功能上发生改变以适应现实的能力。“年龄越小，脑的可塑性越强，青少年如果沉迷于网络，脑神经元之间的功能连接就会在虚拟空间强化，现实交往的功能就自然被削弱。”专业人员倪端宇说道。

其实，在如今网络发达的今天，让我们脱离网络是不现实的，也是不可能的，毕竟社会在进步，国家在发展，网络是推动时代进步的一大助力。但是不管从哪个方面来说，过度地沉湎网络都是不对的，要适量地、正确地使用网络，而不是让我们受制于网络。过度偏爱上网，乃至几乎每天24小时都在使用电脑、手机，这样过度上网的不良行为对大脑的伤害是最大的，甚至导致脑部萎缩。

所以，对我们来说，在出现网络诱惑时及时抵制，从一开始就对网络成瘾做好防备，了解沉湎网络的危害，不要沉湎于网络。毕竟网络中没有家人、朋友的微笑陪伴，麻木地观看他人的生活不如找回现实中精彩的自己，享受网络游戏带来的快感不如户外游戏来得有趣、精彩。

为了你的身体健康，请各位健康上网，戒除网瘾，保护身体健康，让长期处于高度兴奋的大脑神经中枢歇一歇，减少在网络虚拟空间的相处，还我们一个健康、有活力的大脑。

走不出的舒适区与实现不了的财富自由

我们总是能听到很多成功的、年长的人讲述人生的道理，那些已经听到厌烦的教导被冠以“鸡汤”之名。年少的时候，我们总觉得自己能对抗整个世界，觉得自己是天命之子，整个世界都要为我让路。后来才发现，自己在生活中逐渐沉沦，可怕的不是烟花落下的暗淡与落寞，而是从未努力绽放过，但是又不敢努力拼搏。

许多人告诉我们要走出舒适区，才能实现财富自由，但是真正能做到和实现的人寥寥无几。这是为什么呢？因为我们没有在认知层面就开始改变自己。

首先，让我们先了解一下什么是舒适区。舒适区的心理学定义是指，一个人在一定区域内的生活让他感觉舒服、放松、稳定，能够掌控，很有安全感。本质上，它是指人会在这种状态或模式中感到舒适。举一个简单的例子，人们把校园生活称为“象牙塔”，因为校园生活相对社会生活来讲更加简单和更容易适应，使得很多人更愿意和更偏爱校园生活，不想走出“象牙塔”。这也是一种舒适区。

值得注意的是，舒适区是一把双刃剑，具有正面和负面两种不同的作用。从积极的一方面来看，舒适区起到避风港的作用，能够带给所有人安全感，使得人们放松心态，稳定情绪。这种熟悉的、能够掌控的感觉有助于我们建立起心理防御屏障。人们的心理状态和精神状态都需要通过固有的习惯、观念、行为方式、思维方式和心理定式来形成，这种状态会影响人的认知，改变人的选择，决定人的一生。

当然，对于沉溺于舒适区的人，舒适区就会变成他的囚牢，故步自封，不思进取。人们会变得懒惰、松懈、倦怠和保守。人为什么会沉溺于舒适区呢？是因为他们对现状有着一定的满意度，于是没有了改变的欲望，绝不会主动地付出太多的努力来改变所处的环境，不会采取行为，因为这样就能够保持舒适的感觉，变得懒惰就是必然的了。没有压力，没有危机感，人就不会改变，甚至还会逐渐放弃自我。大家都知道“温水煮青蛙”的故事。当你在温水中悠然自得的时候，高温也就离你不远了。当你想要逃离的时候，高温会让你心有余而力不足，不知不觉被煮死在热水中。

舒适区本身没有错，每个人都有自己的生活和选择，利用自己的优势无可厚非，但是不能不思进取、故步自封。我们只有走出舒适区，主动寻求改变，谋求发展，才能实现财富自由。

那么，又该怎么理解财富自由呢？简单来说，财富自由就是时间和金钱的自由。自由不是做你想做的事情，而是可以不做你不想要的事。在生活需求得到满足的情况下，既有空闲的时间又有空闲的钱去追寻自己理想中的生活就是财富自由。不论是因为生活压力而被迫选择不喜欢的工作，还是将全部精力都投入工作而毫无休息和自我的时间，都不是我们追寻的自由。仅仅是金钱的充足还不够，还要能给自己充足的时间，如果要持续地投入过多精力，就不是时间的自由。想要实现财富自由，就要改变自己的观念，做出行动，走出舒适区。

实现财富自由意味着什么呢？你的时间和人生不再仅仅是为了满足生活需要而迫不得已去做事，而是拥有了真正属于自己的时间。一个人一辈子能有多少属于自己的时间，寥寥无几。把时间花到自己喜欢的东西上面，活出自己想要的人生，不再因为金钱的困扰而浪费时间去做那些自己不愿意的事情，是多美好的愿景。

当然，实现财富自由的种种理财方法在许多经济学书籍已经介绍过，这里不再赘述。万事开头难，走出舒适区，实现财富自由也是如此。因此，转变观点，改变认知方式，才是最重要的事情。

知和行是相辅相成的，知在行中，知也在行先。认知决定行动，当一个人发自内心地认可某个道理或者下定了决心之后，他才会行动。没有认知的行动是没有意义的。随波逐流，人云亦云，只会让你成为浪潮中被击碎的泡沫，无法成为高高跃起的海浪。哪怕同时站在风口，猪只会在风停之后摔死，而真正认知到风是什么的人会长出在空中翱翔的翅膀，甚至引起风暴。

舒适区会随着时间的推移逐渐改变。每个人的舒适区都不相同，一个人不同时间的舒适区也不同。有的时候是你适应环境，有的时候是环境适应你。但是，当你适应了新的环境后，它就成了你新的舒适区，这时候你会再次面临懒惰、松懈、倦怠和保守的挑战。为什么许多年轻时积极进取的人到老了总会变得保守且固执，让人一眼就能看到他们的腐朽？就是因为他们不再愿意走出新的舒适区，而舒适区是走不完，也走不出的。

同样，金钱是生活中重要的一部分，但不是唯一的一部分。财富自由只是生活的一部分，生活的魅力就在于你永远也不知道下一刻会发生什么。未来有种种可能，也有许多挑战，天灾人祸，不一而足。我们无法预料到它们什么时候来，财富自由这个说法并不全面，也并不完整、不全面。

所以，最重要的是保持积极进取、乐观向上的心态，不停地走出舒适区，不断地挑战自我，努力奋斗。年龄、环境相较于观念与行动，都不是那么重要的事情。梁启超先生的《少年中国说》中写道："红日初升，其道大光。"这句话是写给青年人的，不仅是写给青年人的，也是写给你我的。

愿君行遍山河，归来时仍是少年。改变观念，走出"走不出的舒适区"，实现"实现不了的财富自由"。

不成功的投资往往是因为害怕损失

在爱情的世界里，流传着这样一个观点——爱是手中的一捧沙，你握得越紧，沙就流失得越快。其实这同样适用于生意场。

通过对一些案例的分析，我们发现，不成功的投资往往是因为害怕损失。

一是投资人害怕损失，便会对所投资产进行严苛管理，这很容易导致投资者过多干涉企业内部的管理和运营，在自己不擅长的领域乱出主意、乱提意见、乱做决策，外行指挥内行，往往是以失败收场。

管理过于严苛，员工容易被缚住手脚，凡事先申请再汇报，以此规避所交付事件在后续事态发展中自己有可能需要承担的责任。这将严重降低企业员工的活力和动力，对于企业发展极为不利。

2019年的胡润数据显示，腾讯在其投资板块成功地孵化出46家独角兽企业，第一次超过日本软银。虽然它跟风投老大红杉资本孵化出92家企业的傲人成绩还有很大的距离，但是能够超过投资界“神话”的日本软银，其成绩还是很值得肯定的。

那么，腾讯的成功秘籍是什么呢？

有人说，这是因为腾讯的很多投资集中在自己擅长的游戏领域，每年会面向全球投资20～30家中小型游戏工作室，在自己擅长的领域做事更容易成就自己。

也有人说，腾讯投资具备全球视野，布局渠道较为广泛，在音乐平台、金融、AI、医疗健康等领域都有涉猎，所以成功概率高。

但是放眼腾讯投资的方式，你会发现，腾讯成功的秘诀很大程度来自它的投资方式。

腾讯的投资方式，很大一部分是给钱、提供技术支持，却不过于干涉被投资方的实际经营。腾讯极少过问被投资公司的资源如何分配，具体执行者如何实施公司方案，产品如何本地化等。既然专业的事情是专业的人在做，放手也能最大限度地调动企业原始创始人及内部员工向上的动力。

腾讯的五位创始人之一——曾李青明确表示，对于自己所投的公司，他不会像有的投资人那样过多干涉。

二是投资人害怕损失，往往为了及时止损而放弃长远利益，导致企业倒闭、投资失败。

在2014—2015年风头正盛、估值超过6亿美元的“博湃养车”便是因为与投资人约定的融资金额不能如约到位，不得不在企业内部采取一系列诸如取消补贴、减少推广、转型等方式压缩企业内部开支，从而影响了企业业务的正常拓展。虽然“博湃养车”

积极转型，但是转型了，钱却没了，只有倒闭。

“博湃养车”的主营业务是汽车养护。前期，公司融资到1.1亿元资金，推出1元上门保养活动，此项活动搭配高达45项免费车辆监测活动，一起为公司快速拓展出海量业务，每月超15万单的业务量，分布在全国22个城市。可以说，当时很多一、二线城市的年轻消费群体都成为“博湃养车”的受众。这些在互联网中成长起的年青一代，十分喜欢这种O2O的服务方式。

汽车养护说白了还是最传统的上门服务行业，服务行业要想生存，最重要的就是良好的用户体验。然而，用户体验的最终决定权不在于免费，也不在于低价，因为免费也好，低价也罢，只不过是公司迅速拓展业务的一种方式，它来源于维护技师。先前因为资本的介入，“博湃养车”一度快速扩张，客户的体验评价并不是很高。

虽然其创始人不止一次表示，上门养护汽车一定要慢，因为企业最终能够生存下去，最终拼的就是用户体验、品质的管控能力和质量、技师的业务水准。但是快速扩张的“博湃养车”在资本趋利的本性下，一直未能放慢脚步，而是快速扩张，以期占领更多的用户。

如果资本一直能够输血下去，公司在扩张到一定规模后，便会有机会整合内部资源，使其运作进一步规范，也将有时间对技师进行系统、规模、不定期的培训，实现技师素养水平的大致统一。

然而，就在“博湃养车”准备吃下整个汽车服务市场的时候，投资人却选择停止注血，许诺的资金没有到位。在投资人看来，这无疑是他的投资策略发生变化，对于“博湃养车”的后续发展并不乐观，从而选择只注入先前谈拢的1/10的资金。没有资金的“博湃养车”很快陷入经营困难，渐而宣布倒闭。

从2020年汽车保养行业市场现状来看，虽然汽车零售销量环比处于减速状态，但同比却仍处在高速增长的状态。现今，我国每年有一半的汽车超过保修期，年维修量高达4亿辆次，市场规模高达7000亿左右。

如果当年“博湃养车”能够生存下来，这么大体量的汽车保养蛋糕，“博湃养车”一定可以分一杯羹，说不定还能在汽车保养市场独占鳌头。然而，这一切的假设现在只能成为假设，因为在市场中根本没有假设一说。

我们所知道的是，“博湃养车”的倒闭，最终让投资者血亏。

由此可见，越是投资者趋利，害怕损失，投资成功的概率就越低。

为什么计划总是赶不上变化快

为什么计划总是赶不上变化快呢?

首先，计划是人们主观意识的体现，而变化则是客观存在，且具有不可预测性。

在我们试图完成一个目标或任务时，常会遇到各种意想不到的突发状况，导致正在进行的事情不断变化，而这种变化完全不受主观意识的支配。于是，我们为了顺利达成既定任务或目标，只能一边不断调整方案，一边感叹：为什么计划总是赶不上变化快呢?

其次，人们对于目标和任务的预估不足，对于完成这项目标和任务所需花费的时间和相配套的资源做出了过于乐观的预测。于是，你觉得这件事可以在一个星期内完成，却花了好几个星期，所需资源也大大超过你的预判。你不得不停下正在进行的目标和任务，去配齐相应资源，这也大大超过你尽快完成目标和任务的预期。这种情况，就是我们常说的——计划谬误。

好莱坞历史上最为奢华的电影《埃及艳后》的拍摄过程便是这方面的一个例子。

1960年，《埃及艳后》正式筹备开拍。最初，影片的投资方——福克斯公司预计在16周完成整部影片的拍摄工作，却不想由于种种原因，整部影片的拍摄长达90周，是原计划的数倍。拍摄所花费用也达到当时的历史之最，共计4200万美元。这远远超出福克斯公司最初500万美元的预算。虽然电影呈现了史诗级的恢宏场面，可也差点儿把福克斯公司拖向破产的深渊。要知道，20世纪的福克斯公司，在当时的好莱坞极具规模和影响力，拍出了《泰坦尼克号》《星球大战》等一系列经典影片，财力十分丰厚。

到底是什么原因让《埃及艳后》的拍摄时间和费用与原有计划产生了如此巨大的偏差？

首先，制片方为了邀请到伊丽莎白·泰勒出演艳后，同意了100万美元的天价片酬。在此之前，还从未有谁能够突破百万片酬。演员喊价如此之高，是剧组事先从未想到的，之前也没有先例。这就造成影片还没有开始拍摄，预算便超支了。接下来，便是剧组完全没有考虑到泰勒的身体状况。影片并没有在故事的发生地埃及拍摄，而是在气候寒冷的伦敦搭建外景基地拍摄，泰勒完全受不了如此寒冷的气候，她的支气管炎不断反复发作，最终引发肺炎。泰勒不得不停下工作进行治疗，这就造成影片的拍摄工作向后推迟了几个月。泰勒恢复工作后，坚决不同意继续在寒冷的伦敦拍摄，这一要求并非泰勒不近情理，要知道，当年肺炎可是能要命的病。剧组不得不更换拍摄场地前往罗马，这就造成先前耗费800万美元完成的8分拍摄内容全部作废，剧组在伦敦花费300万美元的外景也须全部拆除。一切都要从头来过，剧本必须跟着进行相应修改，而这一次修改又花了1500万美元。

一系列不在计划范围内的变化，让影片导演鲁宾·马莫利安着实不堪承受，他于1961年辞职。拍摄方找到《恺撒大帝》的导演约瑟夫·曼凯维奇接替。

影片转战罗马后，又因灯光问题，重头戏——埃及艳后进入罗马的桥段拍摄延后数月，最后好不容易可以拍摄，扮演艳后儿子的小演员已经不管不顾地长高了。没有办法，剧组只得临时换人。

经过一系列的曲折辗转，《埃及艳后》艰难的拍摄过程终于结束。影片杀青后，剪辑的问题又让导演和制作片陷入争执，最后约瑟夫·曼凯维奇被解雇，制片方重新请来鲁宾·马莫利安完成本片的剪辑工作。影片最终于1963年6月12日在美国上映。

由此可见，《埃及艳后》的拍摄工作完全不在福克斯公司的原计划之内。计划谬误这种情况也不仅仅只出现在你的生活及企业经营中，任何人、任何行业和单位都会在生活及工作中遇到这类问题。

当然，我们也应看到，在整部影片的拍摄工作中，计划永远赶不上变化。但是剧组最终在不断调整和改变中完成了影片的拍摄工作，为世界电影史留下了一部经典力作。

所以说，我们不应该去感叹或抱怨为什么计划总是赶不上变化快呢？

面对变幻莫测的商业格局，如果你的计划赶不上变化，就适时调整计划和方案。毕竟，完成既定任务和目标才是我们的最终目的，只有坚持、不放弃，才能获得自己想要的结果。

那么，如何最大限度地降低变化对计划的干扰呢？

首先，要避免预估不足的情况发生，对要完成的目标和任务做出尽可能详尽的计划，综合研判各种可能突发的情况，提早做可执行预案。

其次，要提升执行能力，重视商业合约对任务内工作人员和合作伙伴给予的合同约定，避免出现像《埃及艳后》中泰勒到最后常因天气差而借口罢工的现象，把任务细分给团队成员，并明确责任，让每个人明白自己的工作，知道怎样着手工作。这样便可最大限度把可能出现的变化通过合约框束在一定范围内，拆分有可能因变化产生的风险，增强任务内所有人员的责任心和向心力，让大家齐心协力完成目标和任务。

再次，资源分配一定要合理。现在，许多公司对于资源分配往往侧重于明眼里能看到成果和成绩的部门，而忽视一些从事幕后工作的部门。这种对工作情况分布不了解的资源分配，会极大程度地扰乱计划的进行，特别容易出现个人的计划谬误扩展成团队的计划谬误，严重制约我们在规定时间，以最小的成本、最短的时间、最好的状态完成计划。

最后，一定要有时间观念，明确什么时间做什么事。

诚然，不是所有的行业和工作都能像《埃及艳后》一样往后拖，拖到最后还能完成影片的拍摄工作。在当今的商业环境中，很多机会是稍纵即逝的，一旦你不能抓住，就意味着失败，甚至连从头再来的机会都没有。所以，时间观念是避免计划总是赶不上变化的重要一环。

只要一点改变，就有可能引发“蝴蝶效应”

2021年，一艘名为“长赐号”的巨轮搁浅苏伊士运河，致使运河水路双向交通被阻断，数百艘远洋巨轮被迫在运河两端或其中部湖泊抛锚搁浅，还有多艘巨轮集结在运河两端，等待通行。

长达6天的搁浅引发了一系列问题，迅速发酵并持续扩散。

较为依赖苏伊士运河进行贸易运输的石油、天然气、铜等大宗商品集体涨价，就连咖啡和卫生纸也因此次事件开启了涨价模式。最让人头痛的是，这次搁浅让本就因为疫情绷紧的全球供应链再次雪上加霜，许多商品因航运滞留，不能按时交付给用户，还有大量商品虽然早就完成了订单生产，却因等不到运输货轮而被迫待在生产商的仓库内继续等待。每一分钟的等待，都会面临不可预知的变化。海运公司也在此次事件中提升了运输风险的认知，宣布航运费用要上涨。

虽然滞留商品不能按时交付的影响可以在航道通行后慢慢消化，但是上涨的航运费用却不可能毫无理由地降下来，这些费用最终仍旧会转嫁到消费者身上。因为疫情，许多国家的GDP处在负增长中，钱不好挣，商品却更贵了，这对经济的良性发展显然是没有好处的。最为重要的是，全球商品的产业链和供应链会因航运的不可控因素而进行调整，这绝非危言耸听。

如果你不能理解经济学中常说的“蝴蝶效应”，此次苏伊士运河的搁浅事件无疑是最为直观的教科书案例。

在此次事件中，我们发现，只要有一点改变，就有可能引发“蝴蝶效应”绝非空谈，它在我们的生活及企业经营中是真实存在的。

改变，一般分为两种：一种是主观意识的改变，这种改变往往可控，即使引发“蝴蝶效应”，也大概率是在我们的认知范畴之内引发的一系列结果，往往是我们所期待的；还有一种便是客观的、不受人为管控的改变，诸如此次苏伊士运河堵塞事件。根据事后调查，这次事件主要是天气误判和船长操作失误造成的。

显然，此次事件的后续已经完全不受远洋公司的控制。

在此次事件的持续发酵下，远洋公司面临着一场大考，考验着企业的研判能力和面对突发事件的应对能力、抗风险能力。

在企业中，我们应该居安思危，对可能发生又不受人为控制的改变提早做出应对方案，最大限度地规避问题。像此次运河堵塞事件，埃及方面的佛系救援就受到各方面的质疑。这种佛系的处理方式放在任何一家企业身上，无疑是不可承受之重。因而，提升员工的综合素质，培养团队的应变和处置能力，就显得非常重要。虽然突发的改变是不受人为所控的，但是早一点处理好问题，便能将公司的损失降到最低。如果我们早有预案，解决问题的方法会更高效，公司面临的公关危机有可能转化成一次对公司实力展示的良性事件，从而抵消掉一部分损失。

这次堵塞让埃及政府提出高达9.16亿美元的索赔，虽然经历诉讼后，赔偿金额有不小的降幅，但仍旧是天文数字。除此之外，“长赐号”因此次搁浅造成的船体及船体内部机械损坏的保险金额也高达1亿美元以上。

保险公司做梦也不会想到，自己会因为受保船只的一次操作失误而面临如此巨额的赔偿。

由此可见，公司不但要重视员工的工作状态和工作能力，还须对其合作公司进行考察，特别是利益相关较深的合作方。我们除了要了解对方企业的硬实力，更要重视对方企业的软实力，这就包括员工的业务能力、稳定性、归属感及对企业制度的执行力度……

据悉，事故发生时“长赐号”的航速高达13.5节，远超最大8.6节的规定行速。虽然事故发生时驾驶船只的不是“长赐号”内部船员，而是由SCA派遣的驾驶，但是航行超速，“长赐号”的船长却没有及时制止这种错误行为，这本身就是一种没有坚持原则的表现。

如果“长赐号”所属的远洋公司能够在企业内部建立起良好的监管机制，不把权力过于集中，即使船长不能及时制止对方驾驶员的超速行为，其他人员诸如船副也可以执行其监管权，很可能会避免此次事故的发生。

苏伊士运河堵塞事件，无疑是只要一点改变就有可能引发“蝴蝶效应”的典型反面教材。然而，我们却不能因此而拒绝改变、害怕改变。经过通盘考量，积极向上的改变，将给企业带来意想不到的商业前景。

我们熟知的霍英东便是凭着当年的一点小改变，成就了香港地王的称号。

最早的时候，香港的楼都会整栋出售，一栋楼只能有一个产权人，这就造成大量对住房有刚需的香港市民买不起房，而有能力的购房者却因为房子只能单纯出租而收益微薄，于是霍英东开启了把房子分拆出售的先河。后来，为了贫者能购得起房，霍英东又提出分期付款的方式。

仅凭这一点改变，霍英东不但成就了自己的财富积累，而且实现了多方共赢的局面，对于后世的影响不可谓不深远。

由此可见，在自己熟知的商业领域，通过长期观察，找出问题症结，做出积极向上的改变，是非常可行的。

但是这种改变，一定不能建立在盲目的自信和自以为是上。当年，霍英东为了自己的提案能够顺利施行，他多方了解情况，并参考多方面建议，请来香港有名的大律师一起商讨解决办法，才决定施行的。可以说，这种改变是经过深思熟虑的，是主观的改变，其结果也是大家都乐意看到并接受的。

不要沉迷打卡，单靠打卡是打不出未来的

朋友圈里经常看到有人在立flag打卡，比如每天要跑步，每天要练毛笔字，每天要学英语，还有不能熬夜、不能吃宵夜等各种各样名目的打卡形式。这样的打卡虽然并不会让人觉得有多反感，甚至看着还挺有意思的。在网络上，每个人对外展示的似乎都是自律又能把生活过得多姿多彩的样子。但回到现实生活中，却完全是另一番样子。大多数人不但懒散，还很爱拖延，真正做到自律的人很少。那些网络上狂热的“打卡爱好者”，只是沉浸在一种“我很自律且我很努力”的假象里，类似于给自己营造了一种“虚伪”的表面现象。虽然我们都知道没有轻而易举的成功，只有日复一日的努力和自律才能让你变得更优秀，如果你单单只是沉迷在“打卡”这种表面功夫里，注定不可能成功。

一位作家说过：“人生就像长长的马拉松赛跑，如果你的前进是需要别人在背后推着，甚至是用鞭子赶着自己往前跑，那肯定是到不了终点的。因为只有自发坚持到最后的人，才能称为是胜利者。”生活中任何一件简单的事，能坚持到底都是特别不容易的。或许，仅仅只是完成一件事没有多难，难的是每天都坚持

做同一件事不放弃。相信“绳锯木断，水滴石穿”的典故我们都听说过，量变引发质变，只有长期付出行动，才有可能达到量变，而这正是考验人的意志、决心、耐力的地方。世上没有哪一个成绩不需要付出汗水和努力，也没有哪一种成功不需要狠下心来坚持。那些真正自律的人，都会给自己定下纪律和时间表，并且努力地遵守和维持。真正的自律靠的绝不是一两天的打卡记录，单靠打卡绝对打不出未来的。

台上一分钟，台下十年功。那些在舞台上闪光的人，舞台之外一定付出了别人难以想象的努力，一定有过大量的孤独和寂寞。在《朗读者》和《中国诗词大会》上引经据典、妙语连珠的董卿，因为无懈可击的表现圈了一大批粉。她在接受采访时说过：“自律，远没有你想象中的那么简单。”那些后来在人前辉煌的人，其实都经历过漫长的无人问津。探究董卿“腹有诗书气自华”和海量知识储备的背后，是父亲从小对她的严厉教育，她各种高光时刻的另一面，是她数十年的寒窗苦读，以及高度的自律。

董卿出生于上海的书香门第，父母均毕业于复旦大学。所以，董卿身上的卓尔不凡，除了有自身的努力之外，还要归功于从小的家庭教育。她不止一次地说过，她的父亲是出了名的严厉。在她刚学会认字的时候，父亲就要求她每天必须抄成语或是古诗，还要大声地把抄下来的内容朗读并背诵下来。稍微大一点了，父亲又列出各类书单，严格控制她每天放学后的阅读量。甚至在平时也不允许董卿过多地照镜子，因为父亲认为，女孩子不能把过多的心思放在穿衣打扮上。董卿的童年完全是在父亲的耳提面命之下度过的。可以说，正是在这样的高压教育下，董卿才慢慢养成读书的习惯。她说，她一直保持着每天睡前阅读一小时的习惯，这几乎是雷打不动的，而且不需要打卡或是他人来督促。因为她从来不把电子产品带进卧室，她的枕头上永远有一本书，看书时她不会受到其他声音的打扰。反观屏幕前的你，是不是还没有读两页，便匆匆拍照打卡，开始在手机里各种回复朋友们的评论。那么，这样的"打卡读书"根本算不上真正的阅读，也达不到读书的真正目的。

或许这样的打卡形式仅仅只是通过网络把自己在做的事情展示给了身边的朋友，而没有真正起到能让自己变得更好的作用。所以，放弃沉迷那些虚无缥缈的打卡吧，你现在该思考的是：怎么做才能有像董卿那样的"自律"。其实，除了坚持之外，还有三点需要注意。

首先，带着心理目标去行动。有人说自律需要一定的心理暗示，那么清晰、明白的目标就是你的心理暗示。每当我们坚持不下去的时候，就可以不断地在心里给自己加油打气，目标也会变得更容易实现，自律自然就没有那么难坚持了。不过，我们大部分人并不缺目标，缺的是自带心理能量的目标。所以，确定一个目标时，一定要有充分的自我认知，那才是决定你能走多远的关键。

其次，不要害怕失败。有些人之所以沉迷于网络上的打卡，很大一部分原因来自人们害怕面对失败。其实，真正的失败并不会阻碍我们做任何事，反而是我们百尺竿头更进一步的动力。可能有些时候失败会让我们沮丧和难过，但这并不是因为没有达到别人的预期，反而是因为没有努力达到自己的预期。只要突破自己，也就没有什么可害怕失败的了。俗话说：“不积跬步，无以至千里；不积小流，无以成江海。”没有前期的经验积累，我们也很难真正朝成功走去，毕竟失败只是一个过程，唯有失败才能造就更加自律的我们。

最后，每个自律的人背后，都有一个“增强回路”。董卿说过这样一句话：“你在读书上花的任何时间，都会在未来某一个时刻给你回报。”这正是她自律背后的“回路”。她知道自律过后，必定会带给我们成倍的收获。任何一件事，凭借一时的热情和意志力去产生一个好的开始并不难，但怎样长久地坚持，更需要强大的意志力。对于内心不够坚定的人来说，摇摇摆摆的自律，不但不能达成目标，还可能适得其反。只有把自律的过程一圈一圈地循环增强，最终才会养成不需要外力监督就可以做到的高度自律。

我们都是平凡的人，但是要努力成为不甘平凡的人！董卿的自律人生，背后是她长期的坚持和心血的付出。自律不是一个空喊的口号，更不是一时兴起的打卡形式，它更像一种自我提升的方式，活成自己喜欢的样子，过上自己想要的生活，成为自己最想成为的那种人。任何我们所向往的诗和远方，都需要靠每一个自律的当下来成就，每一天的时光都是用来挥洒汗水的，唯有自律者的人生，才能真正将自己的未来拽在自己的手里。

在此，以歌手苏醒的一句歌词与大家共勉：“成功也许来得迟些，也许已过去了不知多少个日夜，但永不放手，这是我梦想的事业。”爬山时，真正能够登顶远眺的人，永远是那些心无旁骛、坚持着往前走的人。所以，努力成为自律的人，过上高级且自由的生活，不悔此生。你所受过的苦、吃过的亏、担过的责、扛过的罪、忍过的痛，终将变成光，照亮你自律且自由前行之路。

第四章 <<<

格局：你是否找对了位置，做该做的事

你的内卷优势，自己知道吗

“内卷”，现在已经成为我国各行各业的一个新兴热点词汇，与之相关的一系列现象也反复被人们发现以及提及，它俨然成了一个社会现象。自然地，我们都生活在这个社会之中，不管是在学校还是职场上，或多或少需要直面内卷。每个人都不想落于人后，都想在这样的环境之中保持自身的优势，至少不会被别人比下去，自然而然地就越来越“卷”，甚至“卷”出不同的花样。但是只要跟着“卷”了，我们就一定能够达到自己的目的、获得自己想要的东西吗？答案是不一定的，原因在于如果我们没有找到自己的内卷优势、想清楚自己的位置和该做的事，只是盲目内卷，最后可能得不偿失，竹篮打水一场空。

内卷的本质可以用一个简单的例子来形容。比如看电影，坐在前面的人为了看清楚屏幕站了起来，后面的人为了自己不受影响就都跟着站了起来，最后就是从刚开始站起来的人那儿开始，后面的很多人跟着站了起来，甚至很多人不知道自己为什么要站起来，只是因为看见旁边的人站起来了，自己也就跟着站了起来，好像不站起来就显得很奇怪或者觉得自己吃了亏一样，这种行为就是内卷。

内卷这个词最先开始火起来，是因为网上流传的一张清华学子边骑车边看电脑的照片。照片里这名学生一边骑着老式自行车，一边在车的龙头位置放着一台电脑，神情专注，表情严肃。照片一经流出，这名学生便被人们冠以“清华卷王”之称。自此之后，内卷现象便逐渐席卷人们生活的方方面面。比如，孩子被家长送去参加各种各样的补习班，各个公司内部的加班现象越来越严重，等等。一切内卷行为都好像来得那么突然但又理所应当，哪怕并不是所有人都理解为什么要这么做，但本能直觉告诉他们，别管那么多，跟着做就对了。这样的直觉必然是有问题的，因为只是跟着别人的脚步去走路，我们所做的事情、所花费的时间以及精力更多地就变成无效的重复，并不能带给自己任何的收获和成绩。老话经常说“比上不足，比下有余”，人都习惯向上看，但总是向上看容易花了眼又扭了脖子，所以不如理性一些，看看上也看看下，为自己建立一个更清晰、更客观的坐标系，稍微抓取到一些自我的真实需求，消融掉一点不必要的恐惧。

内卷，就是一个典型的“囚徒困境”。所谓“囚徒困境”，就是当一项制度建立起来但又不被所有相关人员认可只能被迫迎合时，这种迎合就会变成无效的迎合，反而会降低自身效率，破坏原本正常节奏，损伤工作热情。

举个例子，一家原本正常运行的公司，员工每天都在固定的时间上下班，除了特殊情况，如工作实在没有完成或者确实需要加班加点赶出来时，员工们都不会加班。大家维持着正常的工作时间，完成工作任务，等待每个月的工资入账。然而突然有一天，部门领导由于受到内卷的第一层作用影响，为了获得更高的利润，他开始鼓励员工每天加班半个或者一个小时，然后员工A急于表现，开始第二层内卷，说自己可以多加一会儿，其他员工见了，哪怕心里不愿意加班，但每天下班后还是会留在公司一两个小时。仔细分析其中的各个人物，发起内卷的领导站在自身利益的角度鼓励员工加班，其本意或许是为了让他们处理更多的事情，从而获取更多的利益，但如果他知道员工的加班大多是在摸鱼时，可能会生气员工不思上进，也可能会觉得自己当时多此一举，总之都不会是好的反响。处在内卷之中的员工们，他们可以在规定的工作时间内完成工作，但却因为内卷不得不舍弃下班时间，关键是这个时间很尴尬，因为既没有享受到自己的下班生活，也没有做任何与工作相关的事情，一点也感觉不到开心或是觉得值得，最终消磨掉工作热情，开始埋怨领导，消极工作。

这就是内卷最大的危害。它像龙卷风一般，把人们卷入其中，大家拼重复、拼努力、拼投入，然而每个人每天只有24小时，在被迫投入之下，必然会遇到那个能让我们崩溃的极限点。这时我们只会觉得无论怎样努力，也只是原地踏步。因此，所有在内卷之中且无法完全摆脱的人们都需要明确，那就是不要把内卷当作一场战争，要把它当作一种模式，积极适应以及寻求与自我的平衡点，把精力花在自己该做的事情上。内卷或许会让我们有危机感，但是不能被它营造的紧张感所支配，因为只要我们坚定了方向和路线，就不会被轻易动摇，也不会做无用的努力，浪费时间和精力。

只有找到那个永远不变的东西，我们才不会在努力中迷失，也才能达成所愿。要先有正确的努力，然后你的努力才是正确的。所以，想要在内卷时代保持自我，找到自己继续前进的动力和优势，我们就需要明确那个不变的东西，即清楚地知道自己想要什么以及该怎么做才能得到它。明确了这两样东西之后，再将整个大目标分解成为一个一个的小目标，将一个大计划分解为一个一个的小计划，然后给自己设定一个时间，即必须要在这个时间内完成这件事。就像我们参加高考一样，确定了目标分数之后，就将每门学科至少要考多少分定下来，然后给自己制订学习计划，确定好每个月、每一天甚至每一节课都需要做些什么，然后就要靠自己的意志力长期坚持下去直到考完试的那一天。这样既不会被别人的内卷打乱自己的脚步，还能更加清楚自己的优势与劣势，方便及时调整策略。

内卷不可怕，但前提是找到自己的心锚，找到心中不变的东西，在我们的道路走偏或者走窄的时候能够有所行动。只有付出正确的努力，做了正确的事情，我们才可以在内卷的时代洪流之中始终立于不败之地，从容而坚定地一直前行，到达人生的彼岸和巅峰。

不管你抱怨什么，都是在讽刺自己

现代社会是一个不断发展的整体，其中的人、事和物都被裹挟着一起不断向前。在这个过程中，不同的主体势必会出现不同的反应和结局。在高速的发展过程中始终跟随时代脚步的那部分，就能够始终处于安稳和舒适之中，而无法准确捕捉其中特点和奥秘的那部分，就会面临非常多的困难和挑战，让自己本就艰难的生活更加充满风雨。在这样的差距之下，很多人就会抱怨这个、抱怨那个，正所谓“不患寡而患不均”。

近年来，我们可以在很多地方，比如在餐厅里、走在路上，甚至在家里，听到各种各样的抱怨声。父母抱怨孩子学习成绩不好，员工抱怨领导安排的工作多、给的工资少，女孩抱怨男朋友不陪自己，等等。人们对于生活好像总有很多不如意的地方，在形容这些不如意之处还会习惯性地添上几分油和醋，仿佛自己所有的不顺利都是别人强行施加在自己身上的。殊不知，其实不管自己抱怨什么，最终产生的效果除了越说越气、越说越郁闷之外，剩余的都是对自己的深刻讽刺，是自己的无能导致生活虽有诸多不顺但却毫无办法。

生活中肯定存在不公平，但绝大多数人处于光亮之中，很多我们所认为的不公、不顺不过是自己的无能导致的，但是要承认自己庸碌往往最困难，最后演变成各种各样的抱怨，企图掩盖自己那部分原因，将所有责任归咎到他人身上，以换取内心的平衡。但是当大家都冷静下来客观看待自己时就能发现，其实很多抱怨是没有必要的，因为只要自己再多想一点、多做一点，很多问题可以得到解决。当年岁渐长、回首过往时，我们才猛然意识到自己当时的抱怨是多么幼稚且讽刺。

抱怨大多是因为我们没有得到自己想要的，而造成这一结果的根本原因绝对不仅仅在于外界某人或者某事对我们造成了很大的影响，因为客观条件始终是无法战胜我们的主观意志力的。换句话说，只要我们时刻认清自己的能力，清楚自己该做什么、不该做什么，就可以从根本上保证我们想要得到的，至少是能力范围之内的事情可以处理得很好。

举个简单的例子。贝多芬，德国著名钢琴家、作曲家，出身寒微，从小就热爱音乐，恰巧也展现出非常高超的音乐天赋。父亲见儿子如此，便打起了利用他赚钱的主意。为了树立起他音乐神童的形象，他开始强迫儿子学习钢琴，稍有不遂，就动手毒打。就在这样凄惨痛苦的命运下，贝多芬走过了童年时光。虽然他的童年生活伴随着痛苦和伤痕，但是贝多芬的音乐道路还是走得十分顺利，12岁时就受聘为宫廷古钢琴与风琴乐师，负起养家责任。后来，贝多芬逐渐受到重视，但他对于音乐的追求并不只是成为宫廷乐师这么简单。他没有钱上大学，所以一直追求更广阔的平台和更好的老师，于是在1787年只身一人远赴维也纳。

在那里，他遇到了海顿、申克、阿布雷兹贝格与萨里耶里等名师，进行了长达10年的学习道路，音乐造诣和作曲能力得到极大的锻炼和提升，整个乐坛也开始有了他的一席之地。但好景不长，就在他认为自己的音乐道路和人生道路都将这么平静走下去的时候，26岁时，他突然发现自己的耳朵出了问题。一开始他只是能听到“嗡嗡嗡”这样的杂音，后来耳朵逐渐恶化，以至于在某一天彻底陷入宁静。对于一个处于上升期的音乐家来说，失去听力无疑是毁灭性的打击，命运仿佛已经向他下了死亡的审判，宣告他音乐生涯的终点已经来临。所有人都觉得他已经走入绝望之地，但贝多芬却向命运发出抗争。他没有抱怨，没有消极，更没有绝望。悲伤过后，他回到维也纳，发誓要“扼住命运的咽喉”。1803年，贝多芬写出雷霆万钧的第三英雄交响曲，后称为《英雄交响曲》。同年，又创作了极出色的第九号小提琴奏鸣曲《克罗采》。1804年，完成第二十一号钢琴奏鸣曲《华德斯坦》，1805年又完成第二十三号钢琴奏鸣曲《热情》。在这一连串作品中，他表现出真正的功力，使世人如痴如醉。在接下来的几年间，他又陆续创作出《第四号钢琴协奏曲》《D大调小提琴协奏曲》、第五号交响曲《命运》与第六号交响曲《田园》等作品，它们皆是极具艺术魅力的经典传世之作。

贝多芬的经历不可谓不坎坷，童年的痛苦、求学的艰难再到失去听力的绝望，若是没有强大的意志力作为支撑，恐怕很难做到。但是纵然如此，贝多芬也没有满口抱怨，他将悲伤的时间压缩到最短，在异常宁静的世界里为自己探寻那一丝音乐的曙光。所以，决定我们能够在自己的领域和人生道路上散发光芒的因素是自己，抱怨是没有用的，它只会支配我们的消极情绪，影响我们的感官。

试想，如果贝多芬在丧失听力之后天天坐在门口怨天怨地，路过的人就会可怜他，然后帮助他吗？应该是不会的，他们第一天听可能会感到同情，多听几天就会发自内心地对这个曾经的音乐天才感到厌恶和惋惜。整天的抱怨只会让别人包括自己更加快速地流失掉原本拥有的美好的东西，留下的只有深深的讽刺和嘲弄。所以，抱怨并不能够解决根本的问题，抱怨越多，说明生活越不顺，而始终在抱怨的人恰恰说明其无能又歇斯底里的性格和处境。经常抱怨这个又抱怨那个的人都有一个普遍的特性，那就是生活越过越差，心情越来越不好。父母抱怨孩子学习成绩差，那从侧面反映出他们本身也没有投入多少精力来帮助孩子上；员工抱怨工资低，很大的原因是工作的含金量没有那么高或者工作时过于懒散懈怠。每一句抱怨的话语背后，都暴露出自我能力的不足以及心境的不平和。所以，抱怨并不是发泄，而是一种逃避、一种讽刺。

顺境时不骄傲，逆境时不抱怨，始终找准定位，找到自己的位置，清楚自己该怎么做，怎样维持或者调整自己的状态，才能始终处于从容冷静之中，这样在看到哪怕只有丝毫的机会时都可以及时抓住。拒绝抱怨，明确定位，放平心态，相信每个人都可以迎来精彩的人生。

只有足够强大的人才有资格软弱

强大与软弱是一对天生的反义词，这也就直接导致在人们的固有思想里，强大的人一定不软弱，而软弱的人也一定不会强大。这仿佛已经成为一条自然定律。所以，每个人都希望自己变得强大，但是一旦发现自己的实际情况与强大并不沾边时，就可能会自暴自弃地直接接受软弱这样的定义和形容，就好像只要自己不强大，软弱也不是不可以。事实上，这样的想法和行为并不是软弱，而是懦弱，因为你已经发自内心地向生活和命运低头，从根本上就丧失了对于未来的想法。软弱与强大并不一定必须处于对立面，相反，足够强大的人也会有软弱的一面，因为他们有资格、有底气，相信自己就算软弱也只是暂时的，他们发自内心的强大动力仍然会推着他们继续大踏步地向前走。

外表软弱却能取得成就的根本原因是他们内心足够强大。那些看起来软弱的人，其实才是真正强大的人，他们非常清楚自己的地位，也明白自己的处境，会在纷乱的环境中迅速捕捉到自己需要的可以利用的一切条件。就好像《知否》里的盛明兰一样，从整个家族中最不起眼的存在摇身一变成为朝廷的诰命夫人。整部剧看下来，给人留下印象最深的不是她后期究竟有多红火，而是前期她一直以柔弱形象示人，展现出更多的是软弱的一面，被姐姐欺负了不多说什么，忍忍就过去了。但是到了后期，当她具备足够的能力和人格魅力之后，她本性中的果决勇敢就逐渐展现出来。不管是管理家事还是在外应酬，她都能做得游刃有余，给人留下了非常好的印象。所以，当整部剧演到结尾的时候，观众都感叹于她的隐忍和聪慧，没有人会用软弱来形容这个充满传奇色彩的女子，因为人们都知道她内心足够坚定和强大，永远不失理智，不失冷静，不失机会。

内心脆弱的人才会故作坚强，自卑的人反而会自负。我们生活在这样一个内卷而又竞争的时代，每个人都或多或少会在意外界对自己的看法，展现在外人面前的始终是自己最强大的一面，希望得到他人的刮目相看。这本身也是一个很正常的现象，但是有一部分人却走上了故作坚强和盲目自信的道路上。其实，一个人真正强大与他的外在表现并不是绝对挂钩的，更重要的是体现在心境和行为上。可以用一个简单的寓言故事来说明这一点。

一天，狐狸和猴子结伴来到一片森林，它们俩一路上舟车劳顿，已经有好几天没有喝过水也没有吃过东西了，到了又饿又渴的地步。就在狐狸和猴子马上就要崩溃的时候，它们突然发现前面不远处有一个洞穴，大喜过望，加快脚步朝前走去。进到洞穴里面定睛一看，只见里面放着一尊神像和两个瓶子。神像神情庄严祥和，狐狸便跪下来，双手合十向神像祷告说："尊贵的神啊，我们俩这一路上已经好几天没有吃东西了，已经饿得头晕眼花，如果您可怜我们，就请您给我们点吃的吧。"

话音落下没有多久，狐狸就得到了来自神像的反馈。只见神像缓缓开口，说道："我面前摆着两个瓶子，一个里面装满食物，而另一个是空的。你不能触碰它们，只能用观察的方式选出你认为装有食物的那个，选到哪个，就要哪个，如果没有选对，我也没有办法了。"狐狸听完，眨了眨狐狸眼，拉着猴子便来到两个瓶子前，仔细看了许久也没有看出什么东西来。一狐一猴便捂着肚子犯了难，想了一会儿，狐狸好像突然想到什么，对这两个瓶子一脸不屑地说："没啥好选的，我估计这两个瓶子都是空的。"话音刚落，其中一个瓶子就生气地说："我才不是空的！"狐狸见了，一脸笃定地直接走向另一个瓶子，打开一看，里面果然装满很多食物。猴子当即一脸欣喜，随后又不解地问道："你为什么不选择那个说自己不是空瓶子的呢？"狐狸笑了笑，回答说："老话说得好，'满灌水摇不响，半灌水响叮当'，肚子空空的人，随便一摇就叮当响，生怕自己表现不出来，而肚子里满满当当装着东西的人，你随便做什么或者说什么，他一直都是那个样儿。"猴子一听，顿感醍醐灌顶。

足够强大的人不会害怕别人说他弱小。试想，如果你本身就是太阳，就不需要再点几盏灯来证明自己的光亮，哪怕遇到乌云遮挡，也不会惊慌害怕，因为乌云总会散去，太阳的光芒永远不会被否认。一个真正有力量的人，不需要在外表上表现得很强硬。我们形容风轻柔舒缓，但它可以吹倒大树；我们形容水柔弱蜿蜒，但它可以穿透坚硬的石头。所以，最温柔的人，往往才是最强的，因为够强的人才有资格以柔弱的外表示人。他们的柔弱不到达心底，因为他们的身体中蕴藏着无穷的力量，也有一颗坚如磐石的心，不管遇到什么事情，都能从容温和地思考以及作出决定。这就是刚柔并济。

那些阻止你起飞的，也是让你飞起的

威廉·詹姆斯说过："我们的缺陷能让我们获得意外的帮助。"我们都讨厌缺陷，它像美女脸上的痣，让人感到遗憾。但谁又是完美无瑕的呢？我们总要接受自己的缺陷，就像人们也会接受乃至追捧美女脸上的痣，认为它是美女魅力的体现，让她的美丽更添一份风情。

研究那些有成就者的经历，我们会发现他们不畏惧遇到的各种困难，这是他们与平凡人有所差别的地方。并不是每一种缺陷和困难都是劣势，生活中的逆境给成功者带来的往往是成功。当我们陷入绝境时，懂得转变观念，不太过惊慌，学会镇定，才能找到绝境的突破口，这时候你也就找到了成功的诀窍。那些无可避免的缺陷，反而促使想要有所成就的人选择加倍地努力，进而他们往往能得到更多的收获。

阻止你起飞的，有你自身的缺陷，也有外界环境给予的磨难，无论是哪一种，它都是生命给予的礼物，都应该正确对待。

首先，要正视自己的缺陷。每个人都有缺陷，没有缺陷的人是不存在的。人能圣人乎？缺陷并不可怕，但我们不应该选择逃避。掩耳盗铃，捂住自己的眼睛，永远也看不到世界的真相。卡莱尔说过："人生最大的缺点，就是茫然不知自己还有缺点。"没有人完美无缺，人无完人。不正视自身的缺陷，那就是逃避现实。一个逃避现实、自我欺骗的人，永远不会取得成就。

其次，要学会利用自己的缺陷，有时候缺陷也会变成优点。田忌赛马的故事我们都听过，田忌的马和其他贵族的马相比并不具有明显的优势，所以赛马时总是输。孙膑利用赛马规则，用下等马对其他贵族的上等马，用上等马对中等马，用中等马对下等马，让田忌三局两胜赢得齐王的千金赌注。还是同样的马匹，同样没有优势，意味着整场比赛绝对没有胜利的可能，但是调换一下比赛的出场顺序，就能转败为胜，让限制成为优势。这就是利用自己的缺陷，让限制成为优势的生动案例。

再次，当有些缺陷无法被利用的时候，要学会避免它。取长补短，并不是逃避和懦弱，是智慧和正视困难的表现。如果让一个盲人去画画，无疑他会付出更多的努力，还不一定会得到好的结果。但如果让盲人去研究音乐，他可能因为失去视力，听力变得更为灵敏，得到很好的成就。这时候，缺陷就是路中间的大坑，当你急着赶路的时候，绕过它并不是可耻的事情，也不是懦弱的表现，反而是智慧的体现。

最后，避免缺陷不意味着选择逃避，在避无可避的时候，要选择和它做正面斗争。还是刚才的例子，当路中间有一个大坑，而你又非要走这条路的时候，正视它，填平它，才能走下去。过程可能会很艰苦，但是流下的汗水和身上的灰尘都将见证你的努力和收获。贝多芬说过，他要扼住命运的喉咙。中国游泳运动员张丽出生时就罹患先天性脑瘫，长大后更是腰部以下行动不便，只能坐在轮椅上。但是病痛和身体的残疾都不能阻止她自由地在水中起舞。2020年东京残奥会上，张丽成功卫冕金牌，为中国游泳队夺得东京残奥会游泳首金。无数人为她欢呼，身体的残疾并不能阻止心灵的起舞。世界以痛吻我，我却要报之以歌。每一个不能起舞的日子，都是对生命的辜负。

这就是自身的缺陷，多种多样，形形色色，要具体分析。

同样，对待环境给予的磨难，既不能视而不见，也不能畏之于虎。生活中总是不能尽如人意，命运总是和人们开很多玩笑。柴可夫斯基悲剧性的婚姻带给他无尽的痛苦，几乎使他濒临自杀的边缘。但是他没有放弃自己，而是在痛苦中创作了《悲怆交响曲》，那个被誉为不朽的交响乐。海伦·凯勒从一岁半开始就因病丧失听力，眼睛失明，还不能说话。生活对她来讲格外残忍，如果是一般人可能就此放弃，浑浑噩噩地度过一生，但她没有向命运屈服，选择迎难而上。于是，在老师的教育和帮助下，她坚强地战胜病魔，学会了讲话，用“手指”听话，并掌握了五种文字，实现许多正常人都无法实现的成就。伟人之所以成为伟人，就是因为他们无论处在什么样的环境下，总是能不断坚持自我，而不是随波逐流。

有的时候，生活的意外总是不期而至。一次，在音乐会上，小提琴家欧利·布尔正在使用的小提琴的A弦突然断了。面对这样紧急的情况，他就用剩余的三根弦演奏完了整首曲子，赢得了全场观众的掌声。这不仅表现出他精湛的演奏水平，还体现了他精巧的应变能力和沉着的心态，无疑更为可贵。历史上有无数小提琴演奏家举办了无数场音乐会，可能举办后再不会被人提起，但无数人对这场音乐会津津乐道，因为它为我们展示了另一种完美面对意外的可能。

无论是自身缺陷还是环境带来的磨难，都是“阻止你起飞”的困难，但是要想成功，就要转变观念，正视缺陷，利用它，避开它，或是正面战胜它。生活中不论是突如其来的意外，还是连绵不绝的持续苦难，都不能击倒一个执着的灵魂。肉体可以泯灭，但是精神永垂不朽。无论是什么困难，都不能阻止想要起飞的灵魂，它们都会变成“让你起飞”的支持。

改变观念，让那些“阻止你起飞的”变成“让你飞起的”。塞翁失马，焉知非福。坏事换一个角度来看或许会变成好事，重要的是保持积极进取的心态，不断进步，努力向上。当你想要起飞时，你的苦难都会成为你的财富。

他们说他们的，你只管做你的

不论个人、团队或企业，在生活、工作抑或是经营中，常常会听到不同的声音。

我们首先要对此种现象予以认同、理解和包容。不同声音的出现，足以证明团队或企业内部的沟通渠道是畅通的。每个人都能各抒己见，团队和企业才能时刻充满活力。

认清这个事实后，我们必须明白一个道理。那就是，无论什么时候，不论你做的事情有多么正确且出色，你仍将不断听到各种质疑和反对的声音。

当然，在你充分听取这些建议，又经过深思熟虑和各方研判后，仍旧认定你正在进行的工作是正确且有意义的，你完全可以不必再考虑那些质疑的声音，让他们说他们的，你只管做你的就好。

毕竟真理只掌握在少数人的手中，不是每个人都拥有敏锐的商业眼光，能掌握目前看似不可能完成的事情，发现它会在将来为我们带来可观的商业利益，继而冲破迷雾，提前布局并抓住商业先机。

现下，中国最牛的企业是谁呢？

当然，非国家电网莫属。我们为什么说中国电网是中国最牛的企业呢?

下面，就让一组数据来揭晓答案。仅从国家电网2021年披露的三季财报来看，2021年前三季度，国家电网的利润总额就有563.22亿元之巨，这较同期增长了91.11%；净利润为421.2亿元，较同期增长130.04%。这样的业绩，是在国际能源价格上涨、发电成本上扬，而国内居民电费不变、主营电网板块业务每年倒贴100多亿元的情况下完成的。

如此强劲的业绩增长，让中国电网在过去的一年，以超阿里3.7倍的营收，稳居中国企业营收榜首位，成功打榜世界500强企业的亚军宝座。

国家电网为何这样牛?因为它拥有全球最先进的远距输电技术——特高压。

由于我国发电产业的布局和用电大省的分布并不完全重叠，受自然条件影响，我国的水力发电集中在水利资源丰富的西南，风力和光伏发电却集中在地广人稀的西北地区，火电则集中在煤炭资源丰富的山西和内蒙古地区，而用电最多的地方却集中在沿海地区和中部省份。发电的省份和用电的省份相距遥远，而电力资源在长距离传输中会产生极大损耗，如何最大效能地利用好这些宝贵的电力资源，最大限度地降低损耗，尤其是在2003年我国第一次爆发电荒后显得尤为重要。

那次持续一年多的电荒至今仍让许多企业的生产者记忆犹新。

在这种情况下，国家电网刚刚上任的总经理刘振亚提出必须要建设电力运输的“高铁”——特高压电网。

综合考量技术和经济诸多方面，不断有专家对特高压的安全性、经济性等提出异议。

专家认为，区域电网通过特高压联系在一起，将大大增加大范围停电的风险。另外，该项目造价过高，从性价比上分析，不如送煤划算。

而一切都未能阻止刘振亚建设特高压的信心和决心。因为特高压电网一旦建成，便可将各地电网连为一体，全国统筹、统调，可实现电力效能转化的最大化。而技术方面的限制，在不断的技术攻关和研发中可以被突破和实现，因为这在理论上是可行的。

特高压技术早在《国家中长期科学和技术发展规划纲要（2006—2020年）》中便有规划。2003年后，又集中全国的电工专家和电力设备专家进行了多轮论证。

在刘振亚的主导下，我国于2009年建成了第一条用于商业运营的交流特高压线路。

此条线路的成功建成，也未能让质疑和反对的声音消失。当然，反对和质疑的声音并没能让国家电网继续加快推进特高压线路建设的步伐放缓。

今天，我们在特高压输电传输上一枝独秀，成功制定并引领了特高压的行业标准。在特高压这个项目上，中国标准就是世界标准。凭借一骑绝尘的技术优势，国家电网现在成功走出国门，投资运营菲律宾、巴西、葡萄牙等多个国家和地区的骨干能源网，与之相配套的还有大量电力设备的出口。如今，在世界各地，你都有可能遇见标有中文的电力设备在为人类照明。

其实，不论国内还是国外，在一件即将准备进行或正在进行的事情上，反对和质疑的声音从不会缺席。

2021年3月24日，英特尔新上任CEO帕特·基辛格力排众议，在一场面向全球的直播活动上推出“IDM 2.0”战略。这一战略将用第三方代工厂弥补自身工艺的不足，致力于扩大英特尔的制造产能及全球技术组合和布局，用更为开放的姿态，以期与客户共建新生态。如果此次战略成功，英特尔未来很可能会实现制造、创新和产品多方位的全面领先，再次坚定它在芯片技术领域的世界级领先态势。

由此可见，在你认定的事情上一定要坚持己见，不要害怕质疑和反对的声音，要坚持做下去。过多的争执其实是没有的，当你成功地把事情做好，时间自然会给出答案。

一定要学会用系统知识代替碎片知识

随着科技的发展，信息时代的来临，手机和其他电子产品已经在不知不觉中改变了我们的生活方式。这些电子产品就好像一把双刃剑，一方面让我们的生活更加丰富多彩，另一方面也同样让我们的生活充斥着无数的碎片化信息。这改变的不仅是我们的生活模式，对于我们的学习方式也造成很大的冲击。举个最简单的例子，就拿阅读这件事来说，从前我们是以阅读纸质书为主，现在已经渐渐切换成电子阅读，而电子阅读最大的特点就是碎片化、娱乐化、情绪化。对于不自律的人来说，显然会让我们的阅读效率大打折扣，更容易受到其他信息的干扰。

越来越多的专家开始诟病这样碎片化的知识传播方式，他们认为这种获取碎片化知识的方式不仅低质、低效，还会让人们越来越不爱学习，更不会勤勤恳恳地建立系统化的学习方式。虽然短时间的碎片化学习方式让各种各样的知识变得随处可见、随手可学，但它也有个很明显的缺陷，那就是明明学习了很多东西，可常常是“读了这个，忘了那个”，获得的知识很难运用到现实生活中。

是的，借助互联网和各种软件应用，人们每天都能接触到各种海量的知识和信息，这类信息最大的特点就是快速便捷，不需要太多的思考。那么，在这种情况下获得的碎片化知识真的有效吗？显然，单靠这样碎片化的方式来学习是不够的，我们还要通过系统的思考，才能真正将知识装进脑袋。古人说："学而不思则罔，思而不学则殆。"要想真正将知识转换成解决问题的能力，一定要学会用系统的知识代替碎片化的知识。否则，当我们慢慢习惯于肤浅化、碎片化的信息与表达，我们的思维认知活动也会渐渐停留在现有的感知阶段，通过长期系统化学习才会有的分析、判断等高阶思维能力也将与我们分道扬镳。所以，对于任何人来说，学会用系统知识代替碎片知识是十分必要的。

不知道你有没有关注过华为的"天才少年"计划。这个计划是2019年由任正非正式发起的，他打算从全世界招募20～30名天才少年进入华为。只要是符合条件被华为招致麾下的"天才少年"，薪资待遇百万起，围绕华为科研下的六大课题开展工作。张霁是2020年被华为"天才少年"计划选中的入选者之一，他一入职华为便拿到最高档的年薪——201万。你一定觉得他是那种一出生就自带学霸高光的少年吧。其实不然，谁又能想到张霁从来就不是别人家的小孩呢。

从小到大，他总是让父母和老师觉得有些无奈，因为张霁的学习成绩并不是很理想。可是你说他不聪明吧，他又不是如此，别人从小学一年级到高中毕业需要完整的12年时间，而他只用了

8年就提前完成高中学业，15岁便坐在高考的考场里。照理来说，接下来的剧本应该是一飞冲天，敲到国内最高学府的大门。但是张霁的高考成绩却连本科线都没有达到。为什么会如此呢？原来，聪明的他学习习惯很不好，从小到大，老师在课堂上讲解的新方法张霁总是第一个领悟，可他只是简单地入了个门，之后并没有在这个知识点上再多下一点儿功夫。所以，他只是掌握着非常碎片化的知识。蜻蜓点水般的学习模式直接导致他学习的内容十分零碎，脑海里掌握的知识都是东一块西一块拼凑的，没有建立起系统的知识体系。

这一惨烈的现实让他明白，学习知识必须要构建起一个完整清晰的系统，只有厘清思路、明确目标，按照计划一丝不苟地去执行，才是真正有效地建立起系统化的学习体系。于是，他改变学习方式，认真地搭建起自己的知识体系，积极投入学习。但第二次的高考成绩还是不够理想，毕竟八年时间的荒废很难在一年的时间里就完全赶上，最终他进入一所三本学校学习。比较庆幸的是，进入大学后的他仍然坚持刻苦学习，自律又勤奋的4年让他不断夯实基础理论，还使他具备了一定的专业素养和能力。回顾他的成长之路，你就会明白系统化学习的重要性。一路走来的坚持，最终于2020年5月，张霁凭借自己强劲的实力和扎实的理论基础，正式被华为选中，成为“天才少年”中的一员。

实践证明，只有经过长期积累、思考和分析，才能实现知识的系统整合，转化为能力，简单的、以碎片化为主的学习方式并不可取。现实中，有的人经常“刷”各类短视频，在各大知识付费平台闲逛，可是一旦遇到实际问题依然会迷茫无措，只能寄希望于在网上搜索着解决的方法。之所以会这样，就是因为碎片化的知识容易让我们被动接受知识，从而缺乏理性的思考分析，没有消化吸收的过程。我们应该如何学会用系统知识来代替碎片知识，让自己的能力真正发挥作用呢？

首先，必须了解碎片知识的弊端，建立起知识的联结。人脑就像一个关系型数据库。它能记住新知识，都依赖于大脑中已有的旧知识。只有当新知识和旧知识产生联结，建立起完整的系统概念，我们才能真正地记住新知识。而碎片化的知识内容非常零散，比如当你拿起手机，在社交媒体上浏览信息时，你也能获取到一些知识，但这些知识之间的联系并不紧密，没有因果关系，自然容易忘记。

其次，要有深刻思考。碎片化知识的获取速度很快，但我们在获取过程中很少加入自己的思考，只是被动地汲取了知识。疲于思考，自然不会去想：关于这个问题，曾经有过哪些知识，新获得的知识和旧知识有什么联系。当新知识和旧知识无法产生联结，它就不能真正被我们记住，甚至无法辨认出知识的真伪，从而陷入误区，造成误导。

只有掌握系统知识，将知识连成线、织成网，建立起完整的系统，才能让所学的知识更全面、深入，也能让我们掌握得更牢固。甚至我们还可以用口述、写文章、把新知识教给别人等方式，对新知识进行输出和回顾。这时，输出和循环的过程，也是不断内化和沉淀的过程，只有这样，它才是真正属于我们的。

最后，在未来的工作和学习中，我们应努力学会用系统知识代替碎片知识，把时间花在真正有效的学习上，让学习成为一种自觉的行为。唯有如此，才能在纷繁海量的信息世界中大浪淘沙、去伪存真，更好地充实自我。在信息化时代，我们能够获得的知识不是太少，而是太多。太多的知识之间如果没有多大联系，它们只是一些飘浮的个体，时间一长，就会渐渐被我们忘记。因此，在碎片化的信息时代，我们更需要沉下心来学习，系统地学习，让知识真正发挥其应有的作用。

第五章 <<<

时间逻辑：没有时间，是你的认知出了问题

为什么你起早贪黑，时间还是不够用

君不见，黄河之水天上来，奔流到海不复回；君不见，高堂明镜悲白发，朝如青丝暮成雪。从古至今，时间的流逝都是令人唏嘘不已的话题。科学家想探究出时间的性质奥秘，哲学家想论证出时间的根源本质，而身处时间长河中的我们，将“延长时间”作为一生的追求。不过，很多人想到的只是时间物理上的“延长”，如为了拥有健康的身体不熬夜、不喝酒、不抽烟、坚持运动……也有人想到要从一秒中获得两秒的价值，实现时间价值上的“延长”。当然，前后两者并不冲突。

如今，很多人缺少高效利用时间的意识，一天24小时摒除掉睡觉的8小时、吃饭等 4 小时，对其余时间的利用率可能达不到60%，大部分时间做着一些没有意义的小事。

所以，在每天别人轻轻松松地做完很多工作，甚至还睡了个懒觉，而你却牺牲睡眠，每天忙来忙去，用几天时间才能达到别人做一天即可达到的效果。如果你想用时间太紧任务太重、别人聪明我太愚笨这样的托辞安慰自己，认为自己没有偷懒，长此以往，不仅别人会觉得你没有能力，你也会越来越气馁，不断质疑，从而降低对自己的认知。

那么，为什么我非常努力，可时间还是不够用呢？究其根本在于时间的利用率不够高，也就是不够高效。

怎样才能高效地利用时间呢？

第一，按照轻重缓急把事情排好顺序，先做比较重要的事情。轻重缓急，顾名思义，在我们做的大大小小的事情中有主要的和次要的，有急于要办的和可以慢一点或等一等再办的。纷繁芜杂的事情很多，如果不希望自己手忙脚乱，就要合理、有序地安排好事物的处理次序。

有两名猎人，一起去野外打猎。这时一只大雁向他们飞来。其中一名猎人拉开弓瞄准大雁说要把大雁煮着吃，另一个猎人提出大雁要烤着才更好吃。两名猎人对到底是“煮着吃”还是“烤着吃”争论不休，最后只能找到一名农夫来评理。农夫给他们出了一个主意，对他们说：“可以把大雁分成两半，一半煮着吃，一半烤着吃。”两人赞同农夫的主意，决定将大雁射下来，但这时候大雁已经飞走了。

个人认为，不管是何时何地，我们都要分清轻重缓急，有条不紊地完成。抓住问题的主要矛盾，对于次要问题可以先放一放，不然“煮大雁”和“烤大雁”都得不到，只能落得个鸡飞蛋打的结果。

虽然说每个人每天要做很多事情，乍一看它们都很重要，拖延不得。但是一个人的精力是有限的，对于单流程的我们来说，做事情只能专心专意，一件事、一件事地来，必须将事情分出轻重缓急。

美国的史蒂芬·科维提出了“四象限时间管理”原则，就是把事情分为重要又紧急的、重要不紧急的、紧急不重要的、不紧急也不重要的，可以帮助我们快速地将事情分好类。

重要又紧急的，一般是直接布置的任务，布置时已经明确规定了完成期限，且时间预留估算不充足，如对自我能力评估觉得在规定时间不能完成，这种情况就要纳入首要处理的任务中，优先处理。

重要不紧急的任务通常有较为充裕的时间，可以用相对比较多的时间去完成。但在实际操作中，这会出现一个问题，就是因为惰性，很多明明不紧急的事，被拖成重要又紧急的。

不重要但紧急的，除了少部分在收到通知时预留时间就已经很少了，大多数工作是自己没有把握好节奏，漏掉一些常规工作，在开始做的时候已经时间不多了。对于工作中不重要但紧急的工作，要尽量选择完成；但在生活中，这样不重要但紧急的任务没有实行的必要性，既然不重要，自然也不紧急。

不重要也不紧急的，就是那些时间较为宽裕的事务性或周期性事件。比如，找一些文艺电影丰富精神世界，这类可有可无且何时都能进行的，通常被分到第四类。

第二，做事情的时候，我们一定要有时间观念，看看是从什么时间开始的，规划管理好时间，并将时间划分成小段，为各个阶段安排好任务。

在一位马拉松运动员获得金牌后，记者问他是什么让他夺冠时，这位运动员说他将整个路程分为若干小段，每通过一段，他就觉得离成功更近了一步。正是这种越战越勇的信念，支撑他第一个到达了终点。

同理，将时间明确地划分给各个任务，让我们对还未完成的任务量有了清晰的认知。做好准备，每完成一个任务，都会使我们备受鼓舞。对自己的时间进行分类，才能更好地制订做事计划，按照自己的节奏和规律分配时间。不过，规划时间时还需要量力而行，要根据自己的实际情况完成，不能总想一口气吃个胖子。而且，对于不能及时完成的任务也要及时做出调整，给自己留出容错的时间。

第三，指定的任务要付诸行动，告别对明天的依赖，做到今日事今日毕，不要让任务堆积得越来越多。

不能“纸上谈兵”，制订完计划后的实施才是重中之重。说到和做到，中间隔着一道鸿沟。柯维博士说过：“人们总是觉得时间不够用，但大多数人却总把时间乱用。”柯维博士这句话的深层含义是：人们总是没有把时间用对地方。

人们可以做到科学的安排和短暂的高效，但是无法长久地坚持下去。对于明天的依赖，主要源于长期以来对今天的放弃。这时候，我们要摆脱对明天的依赖。一本书中提到过一种方式，就是主动地把你的工作计划、学习计划等告知更多的人，让他们了解，然后让他们检查你的完成情况。长此以往，你会成为真正的高效人士，再也无须用别人来约束你了。

最后一点就是，专注完成任务，勇于拒绝别人的干扰。在我们专注于工作时，一定会有这样那样的人来干扰你，打断你的任务进程，专注力下降，从而降低任务完成率。从这方面来说，我们要选择有礼貌的拒绝。在你空闲的时候，它可以说是举手之劳，但在你工作时，帮助他人可以说是得不偿失。

当你做到以上几点，你就成了一名合格的时间管理大师，再也不用担心时间不够用的问题。

别总惦记面面俱到，否则你什么都得不到

人生在世，总有许多事情要做。在做一件事情的同时，人往往会被其他因素所牵绊。然而，人的精力是有限的，正所谓一心不能二用，如果为人处世不懂取舍，总惦记面面俱到，往往什么都得不到。

战国时期伟大的哲学家孟子有言："鱼，我所欲也；熊掌，亦我所欲也。二者不可得兼，舍鱼而取熊掌者也。"凡成大事者，必然有所为有所不为，因为世间规律便是如此，有所得必然有所失。

鲁迅先生便深谙此理。清光绪三十年（1904年），也就是我们国家被西方列强称作"东亚病夫"的那个黑暗年代，23岁的鲁迅立志学习现代医学。他东渡日本，求学于仙台医学专科学校。当时，鲁迅一心一意扑在医学事业上，立志成为一名军医，等待学有所成奔赴抗战一线救死扶伤。然而，一次细菌学课上，教师为他们播放了日俄战争中的一个片段。正是这个片段促使鲁迅先生改变学医志向，转而投身文学。在这个片段中，日军在战乱中抓了一名中国人，并称其为俄国间谍，要杀死他。行刑时，四周

围着许多看热闹的中国人。他们虽然身强体壮，但在面对同伴被侵略者虐杀时却神情麻木，满脸写着愚昧无知。影片刚刚播放完毕，在场的学生便发出一阵响亮的欢呼声：“万岁！万岁！”更有甚者，对着鲁迅先生说道：“看看中国人这样子，中国一定会灭亡。”

面对此情此景，鲁迅心中许久不能平静。他渐渐对中国社会有了一个清醒的认知：对于当时的社会来说，单单依靠医学是远远不够的，使人们的思想得到解放，唤醒人们的反抗精神，才是最重要的事情。只是医好病人的身体，而不医治他们的精神，对于解放又有何益处呢？只有率先获得思想上的解放，国家才有救，人民才有救。

没过多久，鲁迅决定放弃医学事业，转而投身文学，专注于用文字剖析封建礼教弊端，从而提高人们的思想觉悟，唤起民众奋起反抗的意识。他于1918年加入《新青年》杂志编委会，并于同年5月在杂志上发表了文学史上第一篇白话小说《狂人日记》，此后陆续创作出版了《呐喊》和《彷徨》两部小说集，对当时社会思潮产生极大的影响。事实证明，他的取舍是极其正确的，不仅很大程度上解放了人们的思想，而且成就了其伟大的文学造诣，也为现代文学的发展奠定了基础。

试想，如果鲁迅先生当时选择文学、医学两手抓，显然达不到那样的社会影响。很多事情往往没有办法面面俱到，如果鱼与熊掌哪样都不肯舍弃，最后很可能是一无所获。世上诸事大多如此，为得到自己想要的结果或者实现利益最大化，换个角度想一想，舍弃又何尝不是一个新的起点呢？所以，在必要的时候，我们必须舍弃一些东西，从而顾全大局。

然而，在历史长河中，因为惦记面面俱到，不顾大局，最终面面不到，甚至为此付出沉痛代价的例子数不胜数。经过旷日持久的春秋争霸战争，战国时期，秦国、齐国、楚国、燕国、赵国、魏国、韩国成为这一时期最为强大的七个诸侯国，并称战国七雄。此时，周王室名义上是天下共主，下面的诸侯国却征伐不断，诸侯国数量已然大大减少，七雄争霸的格局渐渐形成。之后，秦国从公元前230年到公元前221年共计10年的时间里，先后消灭韩、赵、魏、楚、燕、齐六国，建立了中国历史上第一个统一的中央集权制度的王朝。

齐国作为秦灭六国之前除秦以外的最强国，其灭亡并非一蹴而就。齐国之所以一步步将自己推向灭亡的深渊，与其统治阶级缺乏大局观念有着十分紧密的联系。马鞍之战中，齐时公因戏弄英克而被晋欺压，此时的霸权正被晋所掌握，齐与晋一直处于比较敌对的状态，齐时公须以臣子的身份入晋。在齐灵公时期，临淄又被晋包围，对齐国来说已然是一种消耗。

之后，齐国又在与夫差吴国的艾陵之战中大败，这对齐国姜姓来说是一种不小的打击，预示着后来的田替姜氏。春秋末年，韩、赵、魏三家分晋，三晋俘虏齐康公面见周天子，以求获得诸侯国地位，齐国再次被削弱。但在田得齐后，自齐桓公至齐宣公时代，齐国渐渐强大起来，国力在齐闵王时代达到顶点，但自齐闵王薨，再加上燕国间谍苏秦的存在，齐国此时又疲于征兵，与赵、魏两国的关系愈发紧张。

秦统一六国时制定的战略便是“远交近攻”。从齐秦两国的距离来看，秦国显然对齐采用“交”的策略，后田建即位齐王，有人在齐王面前一味地给其灌输齐秦两国世代友好的观念。田建本来就缺乏治国才能，在这种观念的影响下，更加意识不到形势的严峻，因此在秦魏、秦赵之战中，齐国以与秦国交好的理由拒绝了魏国与赵国的援助请求。于是，秦顺利地灭掉燕赵，并驻扎在燕国故地，也就是齐国北面，此时的齐国就算意识到秦的真正目的便也无力回天。最终，齐国不战而降，就此灭亡。

要知道，当时的齐国若懂得顾全大局，联合其他五国对抗秦国，完全有能力与秦分庭抗礼，而不是对邻国的灭亡置之不理。既想保全自己，又想与秦国搞好关系，这种想要面面俱到的想法最终导致齐国灭亡的悲剧。

正所谓，“两弊相衡取其轻，两利相权取其重”。为人处世须懂取舍，会抓重点才能获得成功。如果一直惦记着面面俱到，最终的结果很有可能是面面不到。

你是不是也工作十分钟，上网半小时

“我怎么又没有做完作业？”

“我的工作怎么还剩这么多？”

“时间怎么过得这么快？”

……

你是不是经常发出这样的疑问，原本已经规划好的半天或者一天完成的工作，人确实在桌子前面坐了许久，其间厕所都没有去过几次，但是每到下班时一看工作清单，发现自己什么都没有做完，甚至进度条还不到四分之一。

这时候你的心情会非常复杂，概括来说就是三分疑惑、三分愧疚，还有四分悔不当初。因为我们自己找到了原因所在，知道造成这样结果的原因就在于手边的手机、平板电脑以及PC，让工作计划在互联网精彩的世界面前不堪一击。当我们打开各种各样的视频软件、论坛以及游戏界面的时候，基本上就已经宣告了时间正在二倍速甚至四倍速地流失，而我们却毫无感觉。

互联网是近年来促进社会进步和发展的重要方式，但是它对现代人工作、生活的负面影响同样非常突出，最主要的就体现在无形的时间浪费。

工作十分钟，上网半小时甚至更久，已经成为人们工作的常态。因为工作时间不变，但是花在网络世界中的时间变多了，所以，完成的工作量减少，整体工作效率非常低。更为关键的是，因为是在工作时间内开小差上网，随时面临被领导发现的危机，所以也没有玩得尽兴。另外，就算完成了工作，也常常会因为心思不集中，质量不高，出现很多低级错误。因此，从理智的角度来分析，工作十分钟，上网半小时，是非常不划算的，也不理智，因为玩也没有玩好，工作也没有做好，两头都没有占到好处。

当然，这个道理大家不是不懂，只是在实际工作中控制不住自己的欲望，也在于没有从根本上明确时间的重要性，并不觉得自己浪费时间的行为带来的后果有那么严重。在这样的思想驱使下，其自身发展势必会受到影响。时间对于每个人来说都非常重要，每个人的生命都是有限的，我们不可能永远存在于世界之中。而在有限的时间内，我们有很多事情需要完成，有自己的人生价值需要实现。仔细算算，我们的时间是很紧张的，每一分、每一秒都有其独特的意义和宝贵的作用。只有合理安排时间，发自内心地珍惜时间，才是对自我生命的尊重和保障。

工作十分钟，上网半小时，它包含了两种状态，即工作和上网。我们通常将工作时的这10分钟称为花费时间，代表着这段时间是能够创造出应有的价值的；上网的这半小时则被称为浪费时间，代表着这段时间没有发挥出其应有的作用，纯粹是被浪费掉了。这两个名词可以充分地解释为什么我们总是觉得时间不够用或者时间过得很快，就在于我们的浪费时间永远比花费时间多得多。

著名影星李小龙没有成为明星之前，在好莱坞从事武术教学工作，剧作家史托宁就是他的学生之一。

一天，他们俩上完课之后没有马上分开，而是坐在一起喝茶聊天，聊到了时间的话题。史托宁让李小龙说说他对于时间利用的想法。

李小龙想了想，说："在练功夫时，我们是花费时间，现在谈天，也是花费时间。虽然时间运用在了完全不同的两件事情上，但是不管是练功夫还是跟你聊天，都是能让我觉得有价值的事情，而浪费时间则是糊里糊涂或漫不经心地把时间消耗掉，等回头去想的时候发现自己什么也没得到。"

史托宁听完李小龙的话后，点点头表示极大的赞同，并且补充说："时间是最宝贵的商品。我总是把时间分成无数的瞬间、交易或接触。当有新的想法或者计划出现在我的脑海里时，我就会大概估计一下该项计划将花掉我多少时间，然后问我自己为这个计划，愿意从我所剩下的少数时间内，支取几个星期或几个月吗？它值得我花这么多时间吗？还是我只是在浪费时间呢？如果最后我仍然认为这计划不是在浪费我的时间，而是确实会让我从中受益，那我就会去实行。"

李小龙听完史托宁的话，转身出门打了个电话，然后等他再回到座位上时，他笑了笑，表示他刚出去取消了一场约会，因为那场约会对于他来说就是在浪费时间，所以没有必要。后来，李小龙也是凭借这样的严格把控和利用时间的风格，终于成为一代著名的电影明星。他迅速走红和成名的背后是不懈的努力、奋斗以及始终坚持绝不浪费一分一秒的行为准则。

时间就像海绵里的水，挤一挤总会有的。鲁迅的这句经典名言充分表达了时间的重要性。总是浪费时间，时间自然会越来越少，就像沙漏里的沙一样，但是只要我们把控好时间，就可以在有限的时间里做最多的事情，实现最大的价值。

不要总是埋怨时间不够，把上网的那半小时用在工作上，在工作的时间就干与工作相关的事情，等到工作完成后再去适当地娱乐和放松。我们要成为时间的主人，用生命仔细丈量每一天、每一分、每一秒，绽放出独属自己的生命光彩。

当你被问题卡住，要懂得向人求助

在日常的生活、工作和学习之中，我们随时会遇到各种困难，能否快速地解决困难成为一个最受关注的问题。

困难虽有但却并不难以翻越，绝大多数人在遇到难以解决的事情时，首先会存在惯性思维，那就是我遇到的困难就先自己来解决。这种想法固然是好的，但是通常也导致问题解决不了，自暴自弃。

事实上，遇到困难或者被某一问题卡住时，我们完全可以通过求助别人的方式来解决。这样不仅可以更好地解决问题，还能节省出大量的自我焦虑时间，从而更好地开展接下来的工作。

向他人求助是一件非常正常但却不容易做到的事情。比如，科研项目缺少问卷调查数据却不敢向朋友和同学等寻求帮助；着急去医院看病但不好意思向熟人开口请他捎上一程；熬夜加班早起赶地铁，即使困得摇摇晃晃也不会找旁人求个座位，等等。

我们自以为没有麻烦别人，企图什么事都完全依靠自己，但其实却是对自己时间和精力的双重浪费。遇到问题的时候向别人求助并不是麻烦别人，也不是对自身能力的否定，反而是对自己工作的负责。

试想，如果领导给你安排了一项工作，要求你两天完成，但是在完成的过程中你遇到了一个技术难题，同时发现这个问题仅凭自己是很难解决的，在这种情况下应不应该寻求别人的帮助呢？答案是肯定的。因为寻求帮助可以保证你在规定时间内完成这项工作，不会出现延误工期的情况，同时领导还会看见你积极解决问题的态度，可以说是一举多得。

但是如果你自己闷着头死磕，结果就会变成你无法在规定时间内完成任务，同时还把自己搞得非常烦躁和焦虑，这并不符合领导对你的要求和布置这项任务的初衷。毕竟职场上没有理由可找，只要不是绝对的客观条件无法满足，我们就应该寻求一切的途径和方法去解决问题，然后保证自己的工作任务在规定时间内得以完成。求助没有你想象的那么复杂，及时求助，才能获得星辰大海般的璀璨，绽放自己的光芒。

不懂得求助他人是对自己时间的无端浪费，有限的时间需要花在有意义的工作上才能发挥其价值。你有没有这种感觉，就是工作的时候时间过得好像尤其快，一转眼一天就过去了。而且，如果你想要完成手上的事情还得争分夺秒，走路都得小跑。所以，在这么紧张的时间里，我们怎会有时间在那里自我封闭和自我逼迫呢？

遇到自己无法解决的问题时立马寻求更加专业的同事或者朋友的帮助才能事半功倍，既节省时间又达到了目的。就像《西游记》里的孙悟空一样，他的成功除了自身本领十分强大以外，最重要的就是他一次次地向他人求助。

看过《西游记》这本书或者电视剧的人都知道，唐僧师徒四人在去西天拜佛取真经的路上遇到了九九八十一难，每个关卡都凶险万分，不能有一步的行差踏错，否则就会导致无法挽回的后果。

一路上，唐僧每过一座山，每翻一座岭，每到一个城，都会遇到各种各样的妖魔鬼怪。这些妖怪或是图他的肉，或干脆就是想嫁给他，总之是麻烦不断。孙悟空作为他的三个徒弟里的老大，自然在解救他的事情上发挥了至关重要的作用。

在这诸多挑战中，我们可以发现孙悟空基本上都不是只依靠自己就能把师父从妖怪手里解救出来的。每次，在他无法破解对方妖怪手里的法宝时，他都不会跟他们死磕或是一直打来打去又打不出个结果来，而是会立马到天庭或者西天寻找帮手。如观世音菩萨、太上老君、太乙真人甚至如来佛祖都被他请去当过帮手，其中规模最大的一次就是遇上了太上老君的青牛坐骑。青牛偷偷下凡时顺走了老君的一个宝环，它可以吞纳万物，便将孙悟空的武器全部吸走。孙悟空便去请了天庭中的大半神仙包括李靖父子、水神火神还有许多天兵天将来帮忙，战斗非常激烈。最后，太上老君赶来收服了青牛，拿回宝环，这才将唐僧救了出来。

由此可见，在自己能力有限无法彻底解决问题的时候就不能待着不动，而是要去寻找帮手，在最短的时间内解决问题。试想，如果孙悟空不第一时间去找帮手，一直打断青牛怪吃唐僧的计划，唐僧估计早就变成妖怪的养生餐。孙悟空自然也清楚时间耽误不得，所以才会马不停蹄地找人帮忙。

善于向他人求助是一种人生智慧，也是将我们有限的时间变得更有价值的前提条件。很多时候，我们觉得工作时效率低或者时间不够用，一个很重要的原因就在于我们遇到困难时的处理方式不对，在思考和纠结上花了太多无谓的时间，其实只要合理求助于他人，我们的工作效率就会得到大大的提高，还能取得更好的效果。

把零散时间充分利用起来，它很香的

零散时间，是指那些不连续的时间或一个事务和另一个事务衔接期间的空余时间。这样的时间，在我们的生活中随处可见。但是由于这些时间比较零散，我们无法在单个的零散时间内单独完成一件任务和工作，因而它常被人们忽略。

2005年7月，一家名为分众传媒，主营广告、传媒的中国企业成功在美上市。这是国内首家成功在海外上市的广告传媒企业，并以1.72亿美元的募资额创造了当时的IPO纪录。一路走来，2020年，分众传媒的营收已高达120.97亿。

这家成立于2003年5月的广告传媒企业，何以在短时间内创下如此辉煌的业绩，它成功的秘籍是什么？

答案就是，分众传媒的CEO江南春先生发现了零散时间的价值。他在人们乘坐电梯的零散时间中，以一个广告人的敏锐，发现了一种十分可行且具有广阔市场的商业模式。

众所周知，我们每天都会多频次乘坐电梯，乘坐电梯的这点零散时间常被人闲置。他又发现，人们在电梯内总会遇到陌生人。陌生和无所事事，让电梯中的双方呈现出一种无交谈、不对视、很尴尬的局面。

分众传媒的CEO江南春先生，正是在此看到了商机。他们把广告嵌入电梯，帮人们打发这段无所事事的零散时间。因为总是有人乘坐电梯，于是电梯内的广告会频繁地跟消费者接触。又因人们无所事事，所以大多数人会把目光投向分众传媒投下的广告内容。良好的收视效果，让广告的产出比和转化率很高效。

分众传媒正是凭借此举，得以从激烈的商业竞争中突围而出，成功崛起，成为国内广告业界的翘楚。

这则成功的商业案例，充分证明从我们手指间溜走的零散时间极具价值，这种价值不论是对个人还是企业而言都非常巨大。

我们有充分的理由相信，把零散的时间充分利用起来，它很香的。

那该如何把零散的时间充分利用起来，实现它的价值呢？

我们首先要做的就是，通过一件事情或一个目标，把零散的时间串联起来，让它通过我们制定的目标、准备完成的事情，形成一个具有统一规划的完整体系。

这就需要我们把将要完成的目标和事情进行拆分，把一个大目标分为呈阶梯状的小目标，然后把每天的零散时间充分利用起来，一点点去完成。比如看一本书，你可以利用睡前的10分钟每天看2页。日积月累，不断坚持，就算莎翁的巨作，你也能在一年的时间内啃完其中的一部。

还有一种方式，就是置换内容。

比如，你喜欢每天刷一会抖音，以前只是随手划着指头，让平台根据你停留的时间，掌控你的喜好，选择为你输出什么内容。那么，当你决定把零散的时间利用起来后，你可以找一些对你的工作或学习有用的视频观看，把平日里浪费掉的时间用于知识和技巧的积累。不出一年，你就能切身感受到这种改变对你工作和学习的帮助。

你还可以采取并列法来利用零散时间，比如说在做家务的时候背上几个英语单词，或是晨练的时候构思一下商业方案和企划内容。这是一个两全其美的方法，你不妨一试。

把零散的时间充分利用起来还能帮助你躲过时间陷阱。

在“双十一”和“6·18”等商家大促前期，我们能够明显感受到，商家为了吸引更多的流量和客户关注度，会推出各种各样的小游戏，如养猫、击鼓、跳格子等。此时用户为了得到商家的红包和优惠券，会浪费大量零散的空闲时间，在各类电商的APP中流连忘返。

因为你平时没有把零散时间充分利用起来的习惯，所以就理所当然地认为，你的这种行为没什么不妥，反正刷抖音、看新闻、逛朋友圈和完成商家给你的游戏任务一样都是在玩，闲着也是闲着。

你很难意识到，你进行的各种游戏任务往往会半途而废，就算你十分配合商家，一直把游戏进行到底，也很难得到什么。十几天下来，你多半只能得到一顿还算丰盛的快餐钱，投入和产比完全不成正比。而你为了完成这项任务，不但投入了大量零散的时间，还会一个个地给朋友发链接，拉合伙人组队，以便升级完成。

当梳理完整个过程后，你会发现，此时你已经进入商家隐藏在游戏规则里的时间陷阱，它正在消磨着你的时间和精力。

在网络越来越发达、信息化程度越来越高的今天，如果你不能规则好自己的零散时间，用一个目标将其串联起来，必然会有各类APP用各种算法帮你消耗掉零散时间，让你进入时间陷阱。

当你还陷在自己与别人起点一样、工作一样、能力差不多，为什么别人能够成功的困惑中迟迟不能自拔时，有数据显示，这个世界只有百分之三到百分之五的人能自觉有效地利用好零散时间。

你要明白，造成这种差距最大的原因，就在于别人能够合理、充分地利用自己的零碎时间，而你却没有。

东汉著名学者董遇，说自己何以能学有所成，是因为自己充分利用冬者岁之余、夜者日之余、阴雨者晴之余的时间来学习。

美国管理学家彼得·德鲁克在《有效的管理》中提出，能把零散时间集中成一个整数是赢得时间的诀窍之一。

当你能充分利用零散时间后，你会发现自己的整体时间变得充裕了，成功变得更简单，也更容易了。

把零散时间充分利用起来，它很香的。

学会深度沉浸，是把一天变成48小时的秘诀

2018年10月2日，加利福尼亚科学院公布一段视频。视频显示，一条非常危险的六鳃鲨从正在进行科学探险、身着潜水服的科研人员身旁游过，而正在全神贯注地研究眼前小鱼的科研人员完全没有注意到即将发生的危险，好在最后这一切都有惊无险。

六鳃鲨游了一圈，观望了一下陌生的、身着潜水服的科研人员便游走了，而那些全身心投入小鱼研究的科研人员，则顺利地完成了手头正在进行的工作。

比起这些科研人员，古希腊“七贤”之首的泰勒斯就没有这么幸运了。他曾因深度沉浸于自己对星象的观察和研究而完全忽视自身所处环境的状态，一时不慎掉落到一口井内。

泰勒斯涉猎广泛，他不仅是一位出色的哲学家，在天文和数学方面的造诣也极深，被尊为古希腊“七贤”之首。

他最先发现了小熊星座，这个星座被腓尼基人在日后当作航向指导坐标，比起原来使用的大熊星当导航标，小熊星座在指向上更为精准。

希罗多德在《历史》中还记述了泰勒斯成功地预测了日食，

避免自己的故乡——米利都和小亚细亚强权吕底亚即将触发的战争，让万千民众免于战火的侵袭。

泰勒斯之所以能够获得如此成就，除了跟他出身贵族、能接受良好教育外，最重要的原因还在于，他和千年以后那些深入海底的科研人员一样，能深度沉浸在自己当下正在进行的工作和学习中。

正是这种深度沉浸，让他们在固定的时间内获得了体量更多的知识。从这个角度来看，深度沉浸可以魔术般地把有限的时间拉升延展开来，让一天变成48小时。

同样是一天24小时，无法深度沉浸的人，只能获取这24小时可能获取的知识，而那些深度沉浸者则能获得48小时或更多时间内可能获得的知识。

回到故事中来，当泰勒斯身边的侍女得知他掉进井里后，一向温柔的侍女不由嘲笑道，说他太急于知道天上的秘密，却忽视了脚边的一切。身处泰勒斯两千年之后的德国哲学家黑格尔却说，只有那些永远躺在坑里从不仰望高空的人，才不会掉进坑里。

深度沉浸于天文学的泰勒斯，在用深度沉浸的方法延长拉伸有限生命的无限可能性，从而获得了在天文、数学、哲学待诸多领域让人叹为观止的成绩。嘲笑泰勒斯的侍女，则终身未能在科学或其他领域有所建术。若不是这个故事被流传下来，她的一生只会尘封于历史。

如何避免成为嘲笑泰勒斯的侍女，改写自身命运，在有限的生命中创造出无限的可能呢？

我们要先了解什么是深度沉浸，极度专注于一件事情就是深度沉浸吗？

1934年出生于意大利的著名心理学家米哈伊·契克森特米哈伊，曾开创性地提出“心流”的概念。他认为，当一个人极度专注于正在进行的工作或学习时，会呈现出自我意识消失、时间扩张的心流状态。心流状态在一定程度上就是我们通俗意义上所说的“深度沉浸”。

心流状态最主要的特征是，在从事的活动中，我们有清晰的目标，在自我主控感下，以非常专注的投入，对所进行工作目标实现程度给予及时回馈的活动。

当我们处于深度沉浸的时候，大脑前额叶皮层会出现暂时失活状态。这部分负责自我反射意识、记忆力、时间整合力和工作记忆的地方，一旦呈现放慢或是完全停止工作的状态，大脑中的能量会流向其他部位。这时大脑能更为顺畅地把你当下正在进行事件所需的、各方位的知识点进行串联和融汇。

如果说你当下正在进行的事件是一个点，那么大脑会把它搜集、汇聚起的多个知识点，和你当下正在进行的事情进行重组、编织。这时点变面，面则再聚合为立体形象，你所期望得到的答案和结果不再是虚无缥缈，触不到、摸不着的一团迷雾了。

最难能可贵的是，人处在深度沉浸时，会摒除一切干扰，这时我们的思维逻辑比平时更加缜密、周详。这就使得我们反馈出的答案和结果更具可考性。

另外，当人们处在深度沉浸状态时，个体会开启自我驱动模式，开展持续性的工作与学习，直到目标达成。

既然深度沉浸有这么多优势，我们该如何让自己进入深度沉浸的状态，从而打破时间限定，高质量地完成既定目标呢?

首先，我们要给自己制订一个清晰的目标和计划：想做什么，将要做什么，准备如何做。如果你不给自己设定清晰的目标，你很难定下心做事情，就会被身边琐碎的事情打扰，从一件事跳到另一件事，最后事事都没有干好。

其次，对整个事件，你要有自我主控感。主控感是你对这件事情参与度的认知，你要从内心认定这件事自己必须参与，只有自己参与了，才会对最后结果产生巨大、关键的影响。当你拥有了这种意识，你会很快把这件事当成自己必须要解决的事件来做，主控感会推动你快速进入专注、忘我的深度沉浸中。

再次，需要有极度的专注。想要拥有专注乃至极度的专注，除了平时加强自我训练外，最重要的就是从内心深处喜爱、喜欢这件事，这样才能投入，才能专注。如果你不喜欢当下的事情，可是又必须完成，你可以给自己设定一个目标，让自己完成这件事情的获得感和喜悦感促使你面对第二件不喜欢的事情时有更专注的投入。

如果你很少有进入深度沉浸状态，建议在准备进行一项工作时，为自己提供一个相对安静、避免打扰的环境，关掉电子产品。

最后，你需要对当前正在进行的事情做一个及时反馈，你进行到哪里了，下一步准备如何进行，还需要注意什么，这会利于你更好、更快地完成工作。

当我们学会深度沉浸，成功地把一天变成48小时后，你的人生将具备更多可能性。当然，你离成功也就更近了。

第六章 <<<

精力管理：保持专注与乐观，间歇变换思维频道

每天刷手机，参差不齐的信息会弱化大脑思考力

电子产品越普及，人们为其消耗的时间就越长。虚拟网络在占用我们大量时间的同时，还在悄无声息地改变着我们的行为方式和生活习惯。

比如，饭做好了，第一件事情不是吃饭，而是拍照发朋友圈。出门旅游，一下车，拿着手机一通咔嚓，选几张最美的照片发到网上。接下来，这张美食图片、风景照片，将通过网络展现在许多人的面前。在精致、美丽的感叹下，我们很难复原那一片狼藉的厨房及舟车劳顿的疲惫。照片是真实的吗？当然，是真实的。可是，这是事件的全部吗？当然不是，事件的全部已被网络无情斩断。

网络具备海量储存，加之信息的发布基本没有门槛限制，这就导致网络上充斥着许多质量参差不齐、来源真假难辨的各类信息。你会刷到许多具有价值的信息，也会撞见许多毫无用处的信息，运气不好的话，还会遇到极为隐蔽的诈骗信息。

2022年受到各方关注、让人听后毛骨悚然的“血奴”事件，

就是人在网上看到骗子发布的虚假招工信息后才上当受骗的。当事人拒绝从事诈骗工作后，被先后转卖给两家网络诈骗公司的。经过各种非人待遇，当事人仍不听从诈骗公司的安排，诈骗公司为了榨干当事人最后一点“剩余价值”，从而疯狂采血。

综上所述，许多网络信息是具有片面性、虚假性和欺骗性的。

面对繁杂错乱、参差不齐的各类网络信息，我们听得最多的一句就是，面对各类网络信息，我们一定要多加思考，辨别真假。

如果你刷手机无度，每天都耗费大量的时间接触网络上各类参差不齐的信息，很遗憾，你大脑的思考能力将被弱化。也就是说，你刷手机的时间越长，接触的信息越多，大脑的思考能力就越弱。

法国认知神经科学博士米歇尔·德斯穆格特在他的新书《数字白痴工厂——屏幕对年轻一代的危害》中就明确指出，“数字时代”下的孩子们的智商将低于父辈，这是通过他对大量数据和资料研究对比后给出的结果。

首先，我们每天用来工作、学习和娱乐及休息的时间是恒定的，每天过多刷手机，必然会压缩学习时间。专业知识和技能的缺乏，让你面对一些需要解决的问题时，不得不求助网络。然而，搜索信息很便捷，得到答案也很迅速，可是面对答案，你却很难有能力甄别其真伪优劣。特别是当你的手机上出现各类参差不齐，有时甚至南辕北辙的撕裂信息后，你思考就会出现更加摇摆。

人类的思考能力，源于我们对所获取资源的整合。这里的资源，一类是我们从书本中学习到的各类知识，另一类是我们在生活中遇到且需要解决的各类问题的积累。当信息资源过于庞杂时，它会严重妨碍我们的认知，撕裂相悖的各类信息也会阻挠我们的心绪，妨碍我们思考。你会发现，你无法再像以前那样思路清晰、条理有序地思考了。

其次，我们需要了解，长时间地刷手机会对你的大脑形成“谷歌效应”。它是指人类的大脑会因为知道获取的知识、信息来源十分便捷，容易获得而偷懒。于是，当你刷取大量信息时，大脑只会记住这些信息可以通过手机获取到。

于是，很多人会有这样的感叹，躺在床上刷了两个小时的手机，最后大脑空空如也，什么也没有记得。当然，你也不要指望刷到的信息能在日后你面对问题时对你的大脑思考产生帮助。

最后，在你过多使用手机、频繁刷取各类信息的时候，它会对导致你注意涣散，让你无法专心、专注地思考。你需要不停地在各类信息上跳跃，通过不断刷新手机来满足你的“需要被填满”的渴望。这将导致你过分渴求短期内、即时的、能充分燃爆的利益，讨厌那些长期的、需要等待的、一时间无法让你满足的长远利益。当你的目光越来越短浅，必会无法科学研判和获取长远利益。

古人说，人无远虑，必有近忧。个人、团队或企业对未来不做规划，其抗风险能力就会大大减弱，任何一根稻草都有可能成为压垮你的最后一根。

还有就是，被诟病颇多的精准推送，也将大大降低你的思考力。自从通过大数据技术对各类数据分析得出的精准推送在网络上迅速推广后，网络世界在个人眼里就变得十分可爱，因为它不在乎对错，只在乎你喜不喜欢。只要是你喜欢的，就算藏在九天云内、深海海底，它也会找出来，推送到你的面前，博你一笑。

商家要的是利益，这种利益并不一定是你真金白银的付费，有时是你的时间，是浏览量和点击量。表面上看，商家得到了它想要的利益，你在刷手机时也得到了满足感和片刻欢愉，隐藏在表面之下的是你在以自我为中心的精准推送下的“作茧自缚”。

因为你的视野会变得越来越窄，你的思维越来越固化。当你无限被满足之时，那些不能满足内心快感的事情或思想会让你越来越排斥它们。你不愿听取不同意见，越发固执，最终沉浸在自己的世界中，迷失自我。

为什么你连续不断工作，产出却不忍直视

我们每天都要工作或者学习，但是为什么有些人很快就能完成当天的工作，有些人却拖拖拉拉的，结果也不尽如人意呢？我们经常会面临这样的困境：为什么我们不断努力工作，产出却不忍直视？

首先，要问问自己，自己的工作是否有效率？有些人看起来工作很努力，但只是在"假努力"，根本就没有落到实处，做了太多无用的事情。评价自己的工作是否有效率，就要引入工作效率这个概念。工作效率是一个很常见的概念，在很多领域都有应用，是用工作投入与产出相比。如果产出大于投入，就是正效率，是好的；反之，产出小于投入，就是负效率，就需要避免。我们常常会在一项工作完成之后用取得的成绩与所用的时间、精力、金钱等付出的努力相比，来评价我们这段时间的得失。

工作效率是一个非常重要的评定工作能力的指标，它对我们的工作有非常重要的指导意义。提高工作效率本身也对个人和整个企业发展有着很重要的意义。

提高工作效率，既可以增加个人收入和企业的经济效益，也

能减少员工和企业的工作时间；让自己有动力，更好地参加工作，也为企业增添活力，拥有更积极向上的风气。对个人来讲，提高工作效率以后，他就能减少工作的时间，让自己有更多的时间做其他的事；对企业来讲，提高工作效率以后，就能避免人员繁多、人浮于事、浪费时间的情况。因此，提高工作效率，不论是对企业还是个人，都能让他们在社会生活中具有更大的竞争优势，有更好的发展。

提高工作效率不是一件简单的事情，但最重要的是合理分配精力，不要想着什么事情都一把抓。这就需要企业和个人两方面的努力，才能让企业乃至整个社会中的所有人都积极向上，一起向未来，有更好的发展前景。

对于个人来讲，提高工作效率就是要合理分配自己的精力。每个人都不可能保持相同的精力去做每一件事，这时候，如何分配精力才能提高工作效率呢？最重要的是选择正确的工作方向。如果方向错了，再多的努力都是弯路。

找到你目前最需要、最重要的事情去做，而不是毫无规划、不去思考，不然要做最重要的事情的时候，你就没有精力了。当你要做的事情符合你的目标，你就能保持最佳的工作激情。做你喜欢的事情时，你也会又好又快，积极主动、认真负责；如果是你不喜欢的事情，就会敷衍了事、拖拖拉拉。这个时候，选择的最好的工作方法就是使用合适的工具。其实，完成工作可选择的方法很多，殊途同归，选择你喜欢的即可。就像解数学题，方法有多种，既然都可以得出正确答案，自然是选择最简便的方法。

同样，分配好精力也可以让企业的发展更上一层楼。同提高个人工作效率一样，目标、热情、方法和工具都是提高工作效率、合理分配企业精力的必然要求。不论是施行科学的工作计划，还是及时引进适用的新设备，抑或是制定合理的奖励制度，都能让员工保持最佳的工作激情，提高他们的工作效率。但是企业不应将眼光局限于当前的状况和一时的利益得失，而要将目光投向更长远的发展。企业的工作效率不仅体现它自身的管理水平，更能说明它在当今市场上的竞争力。

总的来说，合理分配精力，提高工作效率，就是在工作前要对工作做好分类，将最主要的精力放在重要又紧急的事情上，不要在不重要、不紧急的事情上花费太多精力。制订计划，合理规划，按计划工作，按流程操作，养成好的工作习惯。只做当时一定要做、有重大影响或者在自己职责之内的工作，不要让不重要的事情喧宾夺主，影响本来要做的事情的发展。

与此同时，人的精力是有限的，学会放松和休息也可以让人的精力快速恢复。有句话说：不会休息，就不会工作。一个人只有休息好了，才能有精力和体力投入工作，精力、体力都不充沛，工作不可能得心应手。现代社会中，大多数人面临来自工作、生活、家庭和情感等方面的压力，因此，学会放松心态，拥有良好的休息，将自己从压力下解放出来，不要让自己时刻处在重压之下。放松和休息都是为了更好地恢复精力，这样才能更好地提高工作效率。

其次，分解任务目标，让“产出”清晰可见。当你每天都很忙、很辛苦却得不到好的产出时，你会不会感到很难过，会不会想要放弃呢？如果你每天都能看到自己努力的成果，会不会很有动力，就能更好地坚持下去了呢？这就是说，你制定的目标要是合理的，让自己处在一个努力就有收获的状态，这样才能让自己更好地坚持下去。同时，完成阶段性目标后，要给自己一个奖励，如一杯奶茶、一块蛋糕，让自己看到努力的回报，产生不断努力的动力。

工作和学习都是很辛苦的事情，不论你是否愿意，我们每天都要持续不断地工作。在这场漫长的人生赛跑中，我们常常感到无所适从，总是觉得自己已经很努力了，为什么却没有得到想要的结局呢？

因此，合理分配精力，提高工作效率，分解任务目标，让自己的每一步都有迹可循。这些就能让我们避免陷入投入和产出不成正比的陷阱。当然，最重要的是坚持下去，只要不停步，未来一定会到来，汗水是不会欺骗自己的。

咬定想法不放松，防止身心被掏空

随着时代的变迁和社会的发展，人类的生活方式、娱乐生活和受教育程度都已经有了非常大的提高和改善，思想获得解放，各种各样的想法在每个人的脑海里360度环绕产生和循环播放。这让我们每天要做很多事情、实现很多目标、体验很多新奇事物。

然而，世界变得五彩斑斓，人们的生活变得更加新奇有趣，这固然是一件好事，但是正因为选择和想法的增多，我们很难专注于做一件事情上，总是手里做着一件事情，心里想着另外一件或者几件事情，最后是手里的工作没有完成好，心里想的事情没有时间和精力再去做。可见咬定自己的想法不放松，始终把注意力高度地集中在一件事情上，对于现在人来说是非常重要的。

每个人的精力是有限的，一天只有24小时，抛开吃饭、睡觉的时间，留给我们做自己事情的时间不会很多。而为了维持正常的生活，我们每天都需要完成必要的工作，所以精力充沛对我们来说非常重要，一定要选择优先级最高的事情先做。这是因为如果在做事的过程中我们不能做到精力高度集中，且放任自己将为数不多的精力分散在无关紧要的想法之上，任务的完成时间和质量都将很难得到保证。

我国当代著名数学家陈景润在哥德巴赫猜想研究中做出了里程碑式的贡献。他发表的“1+2”详细证明在当时的国际数学界引起巨大的轰动，被世界公认为是对哥德巴赫猜想研究的重大贡献，是筛法理论的光辉顶点。他的研究成果被国际数学界称为“陈氏定理”，不仅在数学界广为流传，还被写进多个国家的数论书中，作为重要的教学资料和研究资料供后人学习，俨然成为经典之作。

陈景润可以获得如此巨大的成就，除了他本身的天赋以外，最关键的一个因素就是他有高度的专注力，可以将自己有限的精力高度集中在一件事情上。

关于陈景润的专注，有非常多的例子可以佐证。据说他从小就非常痴迷数学，毕业后因为性格相对安静内向以及对于数学的热爱，选择厦门大学校长王亚楠将陈景润调到厦门大学，安排他到图书馆工作，但并不要他做具体工作，而是研究数学。在图书馆工作期间，陈景润很多时候会因为读书过于认真而忘记关门时间，以至于每次负责关门的老大爷都要在图书馆里面喊上许久，陈景润才反应过来时间已经到了，急忙收拾东西离开。

一天晚上，陈景润边走边思考自己的研究成果，没有注意到前面一棵大树挡住了去路，直接“咚”的一声撞了上去。陈景润一边揉着脑袋一边连声道：“对不起，对不起……”原来，他以为自己撞到的是一个人，说了几声“对不起”没有得到回应之后，抬头一看才发现自己撞到的不是人而是一棵树，不由得会心一笑。

陈景润的专注度就是如此之高。一旦进入数学的世界，他就会完全沉浸进去，脑海里就只剩下与数学有关的事情，不会有任何其他的想法来分散他的精力。可见，所有的成功都不是一蹴而就的，需要我们不断地努力以及长时间地在一件事情上保持专注。心思飘忽不定，选择五花八门，最后只会让我们陷入无尽的迷惘。

洛克芬勒说过，成功来自你对自己真正热爱和擅长的事业的专注，而非来自对每一件偶然事情的挑战。

古希腊著名演说家戴摩西尼年轻时立志成为一名演说家，每天都在家中的地下室对着墙练习自己的语言表达和逻辑能力。但是初期他一直耐不住寂寞，时不时就想出门去溜达，要么跟别人聊会儿天，要么就一个人在路边看人家干活，总之很难静下心来，所以练习效果很不好。后来，为了逼迫自己静下心来，戴摩西尼心一横，把自己的头发剪成一个奇形怪状的“阴阳头”。这样一来，每次他的注意力不集中想出门时，只要想想自己的发型，就瞬间心如止水。久而久之，他专注于练习的时间越来越多，演讲水平突飞猛进，最终成为著名的大演说家。

生活中不免有才华横溢、天赋异禀之人，所谓的“天生我材必有用”就说明每个人都有自己独特的能力，也有成功的基础，但是我们很难见到真正的出类拔萃之人，绝大多数人最后会沦为平庸。究其根本，就是因为他们抵抗不住外界的诱惑与干扰，难以将精力集中在一件事情上，导致他们什么事情都没有做到极致，自然与成功失之交臂。

总的来说，我们想要得到自己想要的东西，实现人生目标，就需要做到专注，最大限度地利用精力。不论面对外界怎样的干扰，不管自己内心有多少想法，首先都要做到把手上的事情处理好，增强自己抵御干扰的能力，始终坚持既定的道路走下去，这样才能有最大的收获。

来者不拒，无效社交是对精力的极大浪费

我们生活在一个五光十色的时代，商场、电影院、KTV等为我们提供了十分丰富多彩且便捷的聚会场所，可以随时约上三五好友尽情娱乐，顺带交流感情。这也是最常见的人们对于社交的印象。

但不知道从什么时候开始，无效社交成为一个热点词汇，其具体含义就是无法在精神、感情、生活或者工作上给人们带来任何愉悦感和进一步发展的社交活动，说白了，纯粹就是浪费时间，浪费精力。

每个人的时间和精力从来都是有限的，但我们需要实现的人生价值却可以没有上限。所以，想要达成人生目标，就需要合理规划时间和精力，尽最大努力减少无效的精力支出，正如老话所说，“好钢要用在刀刃上”。无效社交就是影响我们做到这点的主要原因。

无效社交出现的原因无非是有些人认为自己在与人交流方面是一把好手，所以乐此不疲地参加各种社交活动，哪怕社交场合中自己一个人也不认识，或者与别人压根没有共同话题。他们认

为自己只要在这个场子里，就代表已经与场上的绝大多数人成为朋友，进而错误地认为自己是在努力积累人脉和资源，为自己的无效社交找到一个非常冠冕堂皇的借口。但实际上，这样做并没有达到积累人脉和资源的目的，只是在做无用功。

为什么这么讲呢？举个简单的例子。一天，一个砍柴工背着家伙什儿准备上山砍柴，路过草地时看见一个牧民坐在一边，他的羊正欢快地在草地上吃草。牧民看见砍柴工经过，连忙招呼他过去，砍柴工看了看天还早，就过去跟牧民聊天。两个人凑在一起聊聊这家人近来做了什么，又聊聊那家人怎么样。聊了半天之后，牧民看着自己家的羊已经吃得差不多了，就说自己要回去了，砍柴工一愣，回头看看被扔在一旁的背篓，里面一根柴的影子都没有。

这个故事中的砍柴工就是经历了一场典型的无效社交。这场无效社交的结果就是，半天过去了，牧民的羊已经吃饱了，但是他却一根柴都没有砍，后面还得再花上半天时间去砍柴，等到回家时就会很晚。

从另一侧面来看，砍柴工和牧民的本职工作就不在同一领域，没有办法在交流中提高自己的砍柴技术或者放牧水平，他们的聊天内容只能局限于一些家长里短或者毫无意义的事情上，等到当时聊天的那股子热闹劲儿过去了，自己就会陷入空虚以及浪费时间的悔恨中，归根结底对自己没有什么好处。

我们现在生活的社会是很多元化的。从正面看，它确实会给我们提供很多成长的机会，取得一定的成功，但相对应地，它本质上还是一个名利场，充斥着功利和冰冷的气息。如果你自身没有过硬的实力，最好脚踏实地慢慢成长，强大自己，不是妄想通过这种无效社交获得在自己目前能力范围内无法得到的东西。

我国20世纪著名的革命家、工人运动领袖邓中夏就是一个将拒绝无效社交做到极致的人。他早年在北京大学读书时，为了能够将最多的时间和精力用在读书上，他就给自己制订了一套非常严格的时间计划，其中有一条非常出名，那就是找他谈话的人需要在5分钟内将自己要说的事情说完然后离开。

为此，他还专门写了一张“五分钟谈话”的字条放在书桌前，来找他的人看到这张字条就会思考自己要说的事情究竟重不重要，如果只是一些无关紧要的事情，就会自行离开，不会打扰他。甚至他的很多同学看到他的行为后，都纷纷效仿，越来越珍惜时间，将主要精力花在读书和思考上，从而让自己变得更加优秀。

或许有人觉得这样的生活失去了很多乐趣，但这样的想法是大错特错的。无效社交带来的不管是快乐也好，满足也罢，终究会归于水中月或者镜中花一样的存在，不会给我们的生活或者工作带来任何好处。更何况我们每天只有24小时，无效社交占据的时间势必要用其他时间来弥补，更加得不偿失。

鲁迅先生说过：“时间就是生命，无端地空耗别人的时间，其实无异于谋财害命。”更别说无效社交浪费的是自己和对方两个人的时间，就更加不可取了。生命的长度十分有限，不存在长生不老，也不存在时间重来。而且，分配给每个人的精力同样是有限的，我们不可能随时保持昂扬的斗志和充沛的精力，所以更需要将时间和精力放在值得的人和事身上。

一旦确定了目标就要专注于它，专注于过程和遇到的美好，从而更好地提升自己的能力。社交固然是必需的，我们也需要朋友来一起共渡难关、分享喜悦、谈天说地，但这不代表我们要对无效社交也抱有热情。真正有智慧的人会懂得如何分辨有效社交和无效社交，懂得如何坚定自己的方向，分配时间和精力。其实，归根结底就是要坚持一个原则，即专心专注地做好自己的事情。

精英们的自律，习惯多于强迫

相信我们在生活中一定见过这样一类人——他们可以在没有人监督的情况下自觉对自己提出各种要求，做事的原动力是主动而不是被动的。他们总会自觉约束自己，并拿这些条条框框约束自己的一言一行。总之，他们是非常自律的人。

其实，人人都有自律这种品质，但是自律的方式不同，就决定了我们最终达到的高度不同。精英之所以能够成为精英，是因为他们把自律当成一种生活习惯；普通人之所以普通，是因为他们总觉得自律是一种束缚。大多时候，自律对他们而言，就是强迫自己的一道枷锁。

把自律当成束缚的人，随处可见：想坚持早起的人，他们往往会喊喊口号“每晚十一点前一定睡觉，早上一定要早起”，然而可能只坚持了一天，真正到了第二天晚上，拿起手机就放不下了，早上的闹钟对他而言，不过就是个让他换了姿势继续睡觉的工具。等他真正醒来发现自己没有坚持早起的时候，他往往会觉得自律太无聊了，它束缚了自己，逼得自己不得不每天早上被闹钟吵醒，于是就心安理得地把不能早起的锅甩给自律。

反观那些精英，他们面对早起这一问题，又会怎么看待呢？他们从不直接宣扬自己有多自律，更不会喊着“明天早上我要几点起床”这种口号，总是在第一遍闹钟响起时直接起床、洗漱，然后或是在小区里跑一圈进行有氧运动，或是享受一顿丰盛的可以提供充足能量的早餐，还可能是进行看报、练字、听广播等一系列活动，抑或是直接处理自己一天的学习任务或工作。总之，在这早起的几个小时，他们总会比不自律的人有更多收获，而且从来不觉得早起是一种自律，并把它当成一种习惯。那些是把早起当成束缚的人，绝不会享受到早起带来的任何收获。

新东方创始人俞敏洪曾经三次高考落榜，但不容争议的是，他的确是一个非常自律的人。1978年，俞敏洪首次参加高考，结果落榜，那时他的英语成绩只有33分，此时谁也没有想到他日后会成为金牌教育机构新东方的创始人。第二年，俞敏洪再次参加高考，依旧落榜。但在母亲的不断鼓励下，俞敏洪参加了各种高考补习班，改正自己的不良学习习惯，探寻适合自己的学习方法，第三年高考成绩直线上升，成功被北京大学录取。

毫无疑问，在复读的两年时间里，俞敏洪过得非常自律。他成功地钻研出一套记背英语单词的方法：“一本2000多个词的英语书，当你记第一遍的时候，你可能只能记住10个词；当你记第二遍的时候，你可能会记住50个词，但是如果你把这本书翻来覆去地记上20～50遍，那么这个2000多个词在你的大脑里就赶都赶不走了。”复读期间，俞敏洪没有用“每天必须要记多少知识点”

这种条条框框的规矩来约束自己。相反，他觉得该怎么学就怎么学，英语不好的话那就记单词、背语法，从最基础的知识开始，久而久之，每天记背单词、积累知识、拓展课外阅读量成了他的必修课，最后逐渐演变成他的习惯。这些在备考期间养成的好习惯，在外人看来是自律，而在他看来，仅仅是普通得不能再普通的习惯。甚至在创立新东方教育机构的过程中，这些习惯也给了他莫大的帮助。这些好的学习方法已经成了他的习惯，甚至对他的影响长达一生之久。

被誉为“人类历史上最具创造性人物之一”的爱因斯坦，也是一个把自律当成习惯的典范。爱因斯坦根据自己的亲身体会，总结出一个公式——A=X+Y+Z。其中，A代表成功，X代表正确的方法，Y意味着努力工作，Z则是少说废话。这个公式告诉我们：“成功等于正确的方法加努力工作加少说废话。”与此同时，他也把这个公式概括为一句话：“工作和休息是走向成功之路的阶梯，珍惜时间是获得所有建树的重要条件。”

其实乍一看，正确的方法、努力工作和少说废话与自律好像没有太大关系，但是仔细看下来，这三者都离不开自律。

很多时候，我们不是不知道正确的方法，就像每个学生都很清楚要先完成自己的学习任务，再进行其他娱乐活动，但是真正坚持这个正确的方法又能有几个人？绝大多数学生会被冠上“不自律”的标签，因为他们不愿意把坚持正确的学习方法当成自己的习惯。每个工作者都知道自己要努力工作，但是真正做到365

天无缺勤、业绩永远向前冲的只有寥寥数人，绝大多数人是在鸡飞狗跳、一地鸡毛的生活中丧失“努力工作”的习惯，开始上岸摸鱼混日子，久而久之，也就变成“不自律”的人。

至于少说废话，这其实是每个人都应该注意的。有调查显示，除去吃饭和睡觉的时间，人一般会把20%的时间浪费在说废话上。这其实是一个非常庞大的数字。如我们能利用说废话的时间做一些有意义的事情，每个人都会得到质的飞跃，有很大提升。但是仔细想想，好像没有什么人可以不说废话、不跟别人闲聊。然而，如果我们把时间持续浪费在这种说废话的事情上，就会显得懒散，同样被认为是不自律的人。爱因斯坦把这三者当成自己的习惯，他没有用这个公式来束缚自己，反而是通过自身习惯总结出这个公式。当一个人可以将自己的习惯总结成一个通向成功的公式时，他的自律程度就不言而喻了。

精英们从不会用自律来强迫自己，他们永远会用习惯对自律做最好的诠释。对他们而言，自律意味着是习惯而不是束缚。

思维频道转换是保证一整天精神饱满的关键

我们处在现代社会之中，每天都要接收来自各个方面的不同信息，处理不同的事情。在这样庞大而繁杂的信息量之中，怎样准确迅速地抓住最关键的内容进行处理是我们能力最大化的展示。

这一目标的实现有一个很重要的前提，那就是我们要学会抓换思维频道，让自己的大脑和体力始终处于弹性的状态，不会因为一件事情就精疲力竭。总的来说，思维频道转换是保证我们一整天精神饱满的关键。

科学研究表明，思维反应速度决定了我们的反应能力和工作学习效率。所以，如果思维出现疲劳，就会对我们造成很大影响，而造成思维疲劳的重要原因就是不会转换思维频道，在一件事情上过度纠结。

举个简单的例子，大多数人在学习数学时会遇到很多难题，有时候为了解一道题，我们会一直在书桌前坐上整整一个下午，绞尽脑汁地思考、演算，但是到最后通常会在无奈中选择放弃。

因为我们发现越到后面，自己的脑子转得越慢，精力和时间的双重消耗让我们很难再产生新的想法和思路，自然也就陷入困境之中难以自拔。这时候，为了顺利解开这道题，我们应该做什么呢？

其实很简单，做一件跟这道题或者说和数学无关的事情，先转换一下自己的思维频道，将大脑带入另一领域，缓解在这一思考节奏中产生的思维定式和思维疲劳。所以，我们经常在考试中看到这样一种情况，就是学生在一道题做不出来的时候会先跳过，做后面题目的时候突然就反应过来前面那道题该怎么解答了。这就是典型的转换思维频道给我们带来的好处，可以避免我们陷入思维牢笼，白白浪费掉时间和精力。

思维疲劳源于大脑没有得到很好的休息，所以让思维恢复的关键就是让正常工作的大脑得到间歇的休息。在这一过程中，学会转换思维频道，可以在很大程度上激活大脑不同的部分，保持大脑活力，提升自我创造力。达·芬奇在著作《论画》中写道：时不时离开工作放松一下是个非常好的习惯，画得累了就出门干点别的事情，当你回到工作室，做出的判断会更加准确，但是如果累了还在原地待着不动，最终只会降低你的判断力，损伤你的灵感源泉。

我国当代著名作家、文学家老舍先生，一生创造了无数经典的文学作品，推动了我国文学艺术的发展和繁荣，可谓一代文学泰斗。

在老舍先生的创作生涯中，他随时都保持着高度的创作热情和丰富的创作灵感，总能够用最质朴的文字描写出他眼里的人间和世界。老舍先生可以始终保持这样状态的一个非常重要的秘诀就是他酷爱养花。每当老舍感觉自己的创作进入难以突破或者比较困难的时候，他就会放下笔，走到花盆前随手浇浇水、松松土，看着自己养的花，心情就能够得到放松，同时缓解自己过度运转的大脑，进而始终保持创作状态。同时，在没有创作灵感的时候，老舍也不会把自己关在家里冥思苦想，相反他会走出家门，去花鸟市场走走逛逛，遇到喜欢的花便买回去养。有时候走着走着，他的创作灵感就会涌上心头。

由此可以看出，大脑的活力取决于思维的活跃度，学会在思维初现疲劳状态时及时转换思维频道，做一些其他的事情，有利于我们更好地工作。

现在，人们都讲究劳逸结合，即在劳动过程中要加入放松的部分，从而获取更好的效率和工作质量。这里的“逸”指的不仅仅是放松娱乐，其实指代的是除了当前工作之外的任何事情，只要可以让我们的思维频道转换到另一空间较大、较为轻松的频道上去，就可以统称为“逸”。所以与其说是劳逸结合，不如说是思维频道的灵活跳转，避免进入思维疲劳状态。

在日常工作中，领导会给我们安排不同的任务。这些任务各有各的处理方式。如果我们一直只盯着一件事情做，很容易进入疲惫状态，而且没有不能在精力最充沛的时间段尽可能地做更多的思考。

所以，最好的处理方式就是，在不同的时间段，根据自己的实际情况做不同的事情。比如上午九点是人精力最为旺盛的时候，我们可以进行一些比较困难的工作，因为这时候大脑反应最快，思考速度也最为理想。而到了下午两点，因为午后气温较高，人比较容易疲倦，所以可以进行一些较为简单的、有一定重复性的工作，既能够帮助自己进入工作状态，又防止自己因精力不佳而出现工作错误。正如学生上课一样，语文、数学和英语等多门课程交替，每节课上，学生都会进入不同的课堂氛围中学习不同的知识，这样才能最大限度地开发学生大脑中的不同区域，激发他们的思维，不会让学生感到学习吃力和乏味，保证课堂效果。

综上所述，转换思维频道对于自身发展是非常重要的。不管在什么时候，面临什么工作或者困难，我们都要学会将自身的精力分配做到极致，灵活思考，尽力避免思维疲劳和思维定式，最大限度地让自己始终处于最佳状态。

第七章 <<<

学习力：灵感的来源，认知的提升

知道了，就一定懂了吗

2019年，为了买到“思维造物”旗下“时间的朋友”跨年演讲独家线上两年的播放许可权，爱奇艺公司开出700万元的价格，深圳卫视更是用2050万元购得这次跨年演讲的电视直播权。2020年，“时间的朋友”跨年演讲推出99张4万元现场门票，这些套票在半小时内全部售罄。

作为知识付费产业绕不开的行业霸主，“时间的朋友”跨年演讲只是“思维造物”旗下众多项目的一员，“得到”APP、“逻辑思维”公众号都是该公司的旗下产品。

这些产品的实质内容，就是通过演讲、脱口秀等方式，把我们耳熟能详的历史人物、国际贸易、电子游戏、创业投资等做深度挖掘，通过深入浅出的方式让受众知道，跃升为“懂了”。

当然，在短时间内，通过几次视频内容，把知道了变为懂了，显然是很多受众的一厢情愿。更为严谨的说法，它是在帮你从表面的知识延展为深层的了解。

“思维造物”在帮助受众在感兴趣的内容上做深度认识和了

解的同时，也为自身带来超以亿计的财富，仅2020年上半年“思维造物”的主营业务收入就达到3.33亿元。

在经济社会，钱包是最真实的存在。人们真金白银地付出，从一个侧面印证了他们十分渴望把知识和技能做更深层的延展。之所以有这样的需求，是因为当今行业的划分越发垂直、精细，这就倒逼着人们对知识和技能的需求向专、精、特的方向发展。

顺应时代趋势，把控行业红利，最重要的一点，就是你要切合发展方向。

想要更快、更便捷地获得成功和财富，就必须把自己知道的晋升为懂得并擅长的。只有这样，才能符合当下时代趋势。

首先，提升自己的学习和认知能力，不断学习，积极探索，深入钻研。我们要明白，学习是一件持之以恒的事情，是动力、毅力和能力的综合体现。

想要深入探求，做到专精特，就必须沉下心来，在行业、领域的某一点或是某一面集中发力，不求大，贵于精，绝不能浮于表面、泛泛而谈，而要通过深入的探索和研究把知道的现象和可能存在的机会变为现实中我们能够掌握的技术。

日本一家名为“味之素”的味精厂，偶尔发现制作味精的副产物——类树脂，具备极佳的绝缘性能，有可能成为半导体中的绝缘材料。

“味之素”公司的研发团队，顺着这一思路，通过研发和实验，最终制造出“味之素堆积膜”。现下，“味之素”公司的产能直接影响着全球芯片的生产。从2021年开始的全球缺芯潮，便是因为该公司的产能不足。

“味之素”公司的故事，更加印证深度掌握知识和技术的重要性，它是细致观察、突破想象、集中注意力获得成功的个案。观察、想象、注意力则是认知力的重要组成部分。

诚然，在当今社会，信息的获取、知识的学习比以往任何时候都拥有更为广阔的渠道和更为便捷的方式，比起学习，当下需要重视自身认知能力的提升。

不固于现状，能够细致观察行业动态及趋势变化，及时发现不同寻常的现象，找到事物内部存在的问题，才能在现有知识、技术下有所突破。这有利于我们获取最前沿的技术研发状态，及时跟进，从而避免学习一些落后、过时的知识和技能，浪费时间和精力。观察也能让我们发现一些别人不太注意的细节，在很多时候，细节决定成败。另外，观察还有助于我们保持新鲜感，了解到自身和行业顶端的差距，避免故步自封。

其次，保持想象力，从不同角度、用不同方式去探寻，扩延知识和技术，最终让它们形成全新的组合。

如果当年不是“味之素”，而是另一家味精生产企业发现味精副产物具有极佳的绝缘性能，那么“味之素堆积膜”产生的巨大商业价值也不会出现。正是“味之素”脱离自身食品企业的框架，突破液态油墨作为绝缘材料的这一传统，才有了最终的商业神话。

还有就是集中注意力，因为我们现在所处的时代，是最好的时代，也是最坏的时代。在全球化的大背景下，我们拥有前所未有的机会，也面临着超越任何时代更多的竞争对手。只有集中注意力，全力发火，你才可能获得成功。

最后，我们一定要清楚认知到，自己从知道到懂了之间的距离有多远。

我们都知道知识付费会产生巨大的商业价值，很多有专业技能、在行业拥有极高专业水准的人和企业都在试水知识付费，那为什么胜出者寥寥，为何罗振宇打造的“思维造物”能获得如此大的成功?

因为罗振宇更加懂得当今社会人类需求的痛点，它并不追求严格学术意义上的知识，而是通过提供具有启示性的见识阅历开阔受众的眼界和见识，对功利性的商业问题提供分析与解决技巧，获取了受众的广泛认可。

这种略有取巧的方式，在短期内确实收割了大量的用户和财富，但是从长远来看，这种功利性和技巧性的东西，还是应尽可能少地用在我们对知识和技术的探求上。从近两年人们对“时间的朋友”跨年演讲的各类吐槽可以看出，未来将是集专精特为一身的个人和企业的天下。

当你脚踏实地提升自己的学习和认知能力，真正从知道进入懂了后，成功将不再遥远。

你的学习兴趣，对现阶段的你是否有价值

学习兴趣，是指人们在学习中积极向上的认识倾向和情绪状态。

当人们对于某一学科或知识技能产生兴趣后，他便会进入持续、专注的学习状态，这对于提升学习效果具有十分重要的意义。众所周知，没有兴趣的学习是枯燥的、无趣的，学习效率低下，虽然花费了许多时间却仍无所获。相反，有兴趣的学习却能让人产生快感，有利于提高学习质量，取得更好的成绩。

由此可见，学习兴趣是极具价值的，它直接决定你学习的过程及结果。

那么，你的学习兴趣，对现阶段的你是否有价值？

浅层次来看，这取决你在哪个点、哪个面和哪个项目上产生了学习兴趣；深层次来看，这取决于你如何定义价值。如果你认为价值能在短时间内获得巨大的利益，绝大多数的学习兴趣对现阶段的你并不具备价值。如果你认为的价值包含积极向上的学习态度、专注踏实的学习状态、综合能力的提升及自我愉悦感的满足，绝大多数的学习兴趣是极具价值的，不论是在

当下抑或未来。

大衣哥朱之文儿子与儿媳的离婚事件，在全网闹得沸沸扬扬。朱之文何以从一个普通农民一跃成为全国瞩目的农民歌唱家，这源于2011年他在《星光大道》的出色表现。当时，他身着一件朴实无华的绿色大衣，以近乎专业的演唱征服了现场观众和评委，他也通过自己的艺术造诣，改变了人们对于中国农民的刻板印象。当然，他的成名在让收获名望的同时，也收获了让普通农民咂舌的财富。

大衣哥朱之文从小就对唱歌有着浓厚的兴趣。正是这种对歌唱浓厚的学习兴趣，才促使他在天赋的加持下，通过坚持不懈学习，最终获得成功。

在他成名之前，这种学习兴趣在世俗人的眼中是毫无益处，没有半点价值的，人们甚至认为，这种学习兴趣耽误农活，耽误打工，耽误传统意义上的过日子。他是村庄里的异类，是不务正业的代表人物。他在村边地头年复一年、持之以恒地练声、歌唱，迫使许多村民从不解到习惯，从怒其不争到放弃“救赎”。

没有人想到，大衣哥对歌唱的学习兴趣，最终使其名利双收。

正是几十年如一日的坚持，才成就了大衣哥朱之文。若当年大衣哥朱之文没有遵从内心对歌唱的学习兴趣，而是从功利的角度一直在心底深思、反问自己的学习兴趣对现阶段的自己是否有价值的话，成功绝不会降临在他的身上。

就当时而言，大衣哥的学习兴趣，除了给到他精神世界的愉悦感和满足感之外，再无裨益。

可见，你的学习兴趣只要不是沉迷在一些负面的事物上，万不可置疑你的学习兴趣对现阶段的你是否有价值，因为许多价值的体现是需要时光沉淀的。

短暂的学习是无法收获成功，尤其是在一些传统领域，如书法、绘画，它们更加需要时光的沉淀。只有你时刻保持学习兴趣，并坚持不懈，才能在不断提升中进步。

随便翻开一位书法大家的人生轨迹，你会发现他们的书法风格和作品质量是不断变化的，是一种循序渐进的提升。历经时光的沉淀和磨砺后，他们的书法作品由青涩转为成熟，人生中唯一不变的是他们对于书法的热爱和执着，他们学习的脚步从未停止。

正是学习的兴趣，让他们在进步的同时发现了自我的不足，更加促进并激发出自我求知欲，有了坚持下去的动力。最终，在不断的自我突破中，冲向更高、更远的行业峰顶。

在当下职场，我们通常会面临双向选择。这个看似公平的抉择，实则是个人和企业都面临着被选择。之所以出现这种问题，是我们的能力和实力还不够吸引想要寻求的目标，随时有被淘汰的风险。

如果此时你还不能警觉，不能正确对待你的学习兴趣，让兴趣提升你的学习速度和进程，尽早提升自己的话，终有一天，你将无从选择。

为何有这样的结论，一方面是，现在的整体环境处在飞速发展的阶段，你不前进便意味着落后，企业和市场绝不是慈善家，它们需要的是能帮助它们获得利益和成功的人才；另一方面，则体现在你对于生活把控能力的缺失。要知道，学习兴趣这种掌握在你手中的资源，你都不能善加利用，获得更精进的知识和技能，那么面对被选择时，你将更加被动、无助，你所追求的幸福和成功将无从谈起。

现下有很多人面对生活的压力，面对生活的按部就班，面对生活的种种不尽人意，特别无助，渴望让生活如画，让生活顺意，让生活更幸福。然而，在残酷的现实下，这一切的理想和期望似乎遥不可及，又过于奢侈。

其实，获取幸福并不困难，你的学习兴趣就是你打开幸福之门的钥匙。

因此，你要充分释放的学习兴趣，每天抽出一点时间，对你喜爱的学科和技能进行深入、系统、全方位的学习，即便这些学习短时间内既不能变现，也不能立刻改善你的衣食住行和工作环境及待遇，但是在温饱无患的今天，还有什么事情比你每天做喜欢的事情中更加让人幸福呢？

你会发现，你的学习兴趣能让你全心投入，让平日里那颗浮躁的心趋于平静，短期的功利不再是我们执着的目标，长期、有序、良性的人生规划才是我们的终极目标。

怎样改变自己的学习延迟模式

你是不是经常处在一种情况之中，就是开始休息的时候提醒自己10分钟后学习或者工作，但最后却总是拖到半小时、一小时甚至更久之后才重新拿起笔，心里还有那么一丝丝的不情愿，迟迟进入不了正确的状态。这种现象在学术上被称为拖延症。中国社会科学研究院近期的一项调查显示：中国有80%的大学生和86%的职场人患有拖延症，而在这些患有拖延症的人中有将近一半的人是不到最后一刻绝不开始工作，另外还有13%的人是必须要有人催才能进入被迫工作的状态，否则就不能按时完成工作。随着时代社会的变迁和人们生活工作以及学习等压力的急剧增长，这个数字还在不断提高，拖延症俨然已经成为目前普遍存在的社会和心理现象。

拖延症产生的原因有很多，可能是因为无法抵御外界诱惑，可能是因为太过追求完美，也有可能是想法太多容易迷失，但归根结底还是意志力和多巴胺的斗争出现了失衡。《自控力》一书中曾经提到这个理论，即人们在日常行为中一直受两种力控制：一是我想要，由脑海中分泌的一种名为多巴胺的激素控制；二是专门克制我想要，由我们本身的意志力控制。当多巴胺对我们的支配作用大于意志力对我们的影响时，我们就会总想继续做我们更想做的事情，如看电视、打游戏或者睡觉，不想也不愿意进入学习或者工作，想着等会儿再去；反之，如果意志力能够占据主导，拖延的想法就会被压回我们的脑海深处，迅速按照意志力的指引做应该做的事情。

拖延症对人们的影响无疑是巨大的，它无限拉低我们的做事效率，降低我们的工作或者学习热情，让我们很难完成自己既定的目标。所以，杜绝拖延对于我们每个人来说都是非常重要的。怎样才能改变拖延的习惯呢？答案就是增强我们的意志力，让其可以足够克制多巴胺的影响，并且促进我们进入应该做的事情状态中去。

它主要分为四个步骤。第一点是明确我们的前进方向和目标并牢记于心。大量心理学实验和研究显示，明确且足够强烈的目标可以帮助人们增强行动力，激发内心最深处的渴望，从而克服一切困难，抵御一切诱惑。著名物理学家牛顿年轻时醉心于物理研究，一次外出与朋友吃饭，突然想起家里还有一瓶好酒忘了带来，于是就急匆匆回家去取，想跟朋友们一起品尝。朋友们听了很高兴，跟他说拿了酒就快回来，结果牛顿这一去很长时间没有回来。朋友们左等右等没有等到人，就一起结伴去他家看看。结果这不看不要紧，只见回家拿酒的牛顿正埋头在书桌前奋笔疾书，整个人的脸上尽是有了思路的兴奋。后来，朋友们问起这件事，牛顿说他走到半路，突然想到一点思路，于是进门就只顾着验证自己的想法，入了迷就把拿酒的事情忘得一干二净，直到他们来找他才想起来。可以试想一下，如果牛顿当时没有立即将自己的想法写下来，而是等到酒足饭饱之后再回来想，他很有可能就不能完整且清晰地回忆起自己的思路了，物理的历史上很有可能缺少了重要的一页。因此，牢记自己的目标和任务且绝不拖延，是成功的一大重要前提。

第二点是要立即行动。只要确定目标和方向就立即着手，不要总想着过两天。著名学者钱鹤滩先生写过一首脍炙人口的劝诫诗："明日复明日，明日何其多。此生待明日，万事成蹉跎！"说明明天永远是过不完的，一直想着明天，那就永远没有今天。

第三点是不要过度追求完美。很多时候，我们发现有些人拖延不是因为被游戏、睡觉等困住了脚步，相反他们一直在为了即将要完成的学习或者工作做准备，只是因为他们认为还没有准备得非常充分，所以一直在准备阶段反复徘徊，导致后续时间不够用。举个简单的例子，美国总统林肯当政时期，北方军内有一位著名的将领名叫乔治·布林顿·麦克莱伦。乔治出身世界级军校西点军校，顶级的军事学院带给他作战指挥等能力的同时也奠定了他严谨肃穆的作风，更是让他的完美主义达到巅峰。这个人打仗很"稳妥"，不管面对什么敌人，时间多么紧急，他总是喜欢准备得他认为绝对万无一失之后再行动。这样虽然可以避免一些问题的出现，但通常会在紧要关头延误时间、失去机会，所以他在北方军中出现多次指挥失误，之后就被解除军职。他离职后，林肯每每想起他还会抱怨两句，说如果麦克莱伦将军不想好好用自己的军队，他宁愿把他们交给别人。

第四点是，拖延症并非不可逆转、不可改变。只要我们找到心锚，坚定自己的目标并不断在前进道路上进行总结，就可以有效地抑制拖延症对我们造成的影响，始终靠强大的意志力帮助自己不断蜕变、提高，直至人生的终点。

知识的关联性：发散思考引发的灵机一动

在生活中，当遇到一些无论如何都解决不了的问题时，你会怎么做呢？是不是只会用双手猛敲脑袋让自己清醒一点，但这显然解决不了问题。反之，那些脑子好使的人却总能找到解决的办法。为什么他们总能在别人一筹莫展的时候，想出新主意，想到新办法呢？那是因为他们习惯于抓住知识的关联性，运用发散思维解决关键问题。我们知道每个人的思维方式是不同的，那些所谓脑子好使的人只是具有了发散思维。他们学会运用发散思维之后，除了让自己的脑子比你的好使之外，还比你更了解大脑是如何运作的，哪怕只是了解很少的一部分，也足够让他在解决问题时灵机一动，少走很多弯路。因此，我们在日常学习和生活中，一定要有意识地培养和锻炼自己运用发散思维的能力，这样也才能更有效率地解决难题。

到底什么是发散性思维呢？从心理学的角度来说，发散思维具有创造性思维最主要的特点，是最能碰撞出不同火花的思维方式。它也叫辐射思维，或者叫求异思维，强调的是从不同的角度学习和解决难题。面对实际问题时，运用发散思维是指让我们沿着不同的方向、不同的角度去思考问题，从多方面寻找解决问题答案的关联性。比如在数学领域，人们常常会运用“一题多解”的方式寻找最优的解题方式。还有新闻报道中的“一事多写”同样是用来展现一件事的全面性。我们日常生活中的“一物多用”等，都是发散思维的典型表现。

众所周知，托马斯·爱迪生是世界上最杰出的发明家之一。他之所以能永留青史，被许多人视为偶像，不仅在于他有了很多重要的发明，更是在于他可以熟练地运用发散思维不断地创造和关联多种学科。据说爱迪生每次遇到棘手的难题时，都会坐在一把椅子上小睡一会放松自己，而不是选择用冥思苦想的方式逼迫自己钻研。但不同的是，他会在手上抓着几个滚珠轴承，还会在椅子边的地上再放个盘子，然后才会放松身体和意识，让自己在半睡半醒之间回想难题的全部流程以寻找解决思路。当爱迪生睡着的时候，那些滚珠轴承就会掉到地上的盘子里，发出的响声会把爱迪生吵醒，而爱迪生需要抓住的正是这一瞬间的发散思维，从而再次投入发明，寻找新的解决方法。

当然，这个故事的真假还有待考证，但我们从这个小故事里知道了爱迪生很善于运用发散思维来发明创造。他说过：在成功发明一样新东西之前，他通常会不断地去尝试，世人看到的是成功的那一种方式，而他往往要尝试不下10000种方法才行。可以说，他的每一次发明都在培养自己发散思维的能力。举个最简单的例子，传说爱迪生在发明灯泡时，为了试制灯泡丝的导热性，他设计了1600多个不同类型的方案，直到最后找到碳化丝片才试验成功。类似的例子在爱迪生的发明史上数不胜数，这也是他能拥有如此惊人创造力的原因所在。

但毕竟生活中并不是人人都能像爱迪生那样能特别灵活地运用发散思维，就算再灵活的脑子也不可能无时无刻都能灵机一动。那么，面对思维瓶颈的时候，有没有方法可以帮助我们快速且有效地运用发散思维呢？其实，运用发散思维是一个熟能生巧的过程，只有我们在日常生活中培养了这样的思考能力，才有可能随机应变。

培养自己发散思维的能力，除了要注重多个领域的学习，还要看到一般人注意不到的细节，这些细节很可能就是独具特色的关键点。同时，还要善于从不同角度、不同的侧面，运用不同的方式思考问题，让大脑中的神经元自由活跃地相互连接，这样很可能就会形成新颖独特的、具有创造性的问题解决方案。常用的方法有哪些呢？

首先，利用好思维导图。假定你要处理某个问题时，在不着急的情况下，你可以先把自己的思路记在一张白纸上，也就是运用思维导图的方式。以问题为中心，想到一个方法就勾勒出一条线写上你想到的解决方法。就这样一直想、一直写，最后你会发现很多方法可以连贯地总结在一起，或是在这些方法之中找到最优解来更好地解决问题。相信只要多用这个方法练习，你会慢慢习惯于用这样的思维方式去思考。之后，就算是很紧急的问题，你也能在最快的时间里投入发散思维之中，想出许多可供选择的解决方法，并在探索多种可能性的思维过程中提出有创意的观点。

其次，淡化标准答案。解决问题的时候，我们不要陷入常规的思考体系。发散思维的重点常常不在于找到标准答案，而是不间断地提问以接近答案。我们知道，左脑是理性分析式的控制场所，而右脑是创意、直觉和情绪表达的所在，所以右脑对于发散思维以及创造性地解决问题来说是十分关键的。多多开发右脑来思考，就能更好地帮助我们朝多向思维发展，从而得到不一样的答案。同时，要明白发散思维是自发的、自由的，一成不变的思维定式和标准答案只会扼杀我们的创意。

最后，要学会提问。提出正确的问题会让你找到想要的东西，对于普通人而言，遇到的困难是该如何提问、该提哪些问题。发散思维就是教会我们只需分解难题，把问题细化之后再不断地提问：如果这样尝试会有何发现？这样原本很复杂、无从下手的问题就被分解了。如果你能从差异化的角度提出具体的问题，就说明你离成功可能越来越接近。这个过程让再难的问题也会有迎刃而解的时刻。

当然，要开启新的思维模式并不是简单、一蹴而就的过程，你需要拥有完全不同于之前的思路，就像养成新的习惯那样难以坚持。但都明白在发散的思维模式下，我们可以更概括地看清事物全貌。这是一种完全不同的全景视角。随着这个想法在新通道间穿梭，你便可以建立起新的神经链接。虽然你不能像以前那样专注于解决某个问题的方法，或者理解某个概念中最细微的方面，但是至少可以找到一个解决问题的出发点，找到最关键的问题所在，也就意味着成功了一半。

发散思维引发的不仅是一时的创意，而是教会我们有关联地学习解决问题，一个观念能生成另一个，不断扩充，我们才会得到一系列有创意的想法。就像在脑海中以小组形式进行头脑风暴，鼓励脑袋中的每个细胞自由思考，而这个过程并不需要考虑答案和想法是否实际。所以，发挥好发散思维的作用，势必会产生1加1大于2的效果。

择学：如何利用网络提升认知

中国互联网信息中心发布的网络发展统计报告显示，截至2021年12月，我国现有网民10.32亿，人均上网时间每周28.5小时，互联网的普及率高达73%。今日中国，不论在网民人数、上网时间、互联网普及率等方面，都位居世界前列。

在这一背景下，随着中国互联网应用的持续推进，互联网成为当下人们学习、工作、娱乐、社交最重要的工具。

翻开《2019年全国未成年人互联网使用情况研究报告》，有数据显示，中国青少年中，在互联网功能的使用上，位居第一的是使用网络学习，这一比例达到89.6%。当然，我们也不能忽视，许多人沉迷网络游戏中不能自拔，61%的青少年会在网络上玩游戏。

对比数据后，我们发现，网络是把双刃剑。一方面，网络缩小了城乡之间的教育差距，给予人们获取更优质教育资源的机会；另一方面，网络五花八门的各种信息和诱惑，也正悄悄地吞噬着人们的时间和精力。

如果人生想要拥有更好的进阶，择学——利用网络提升认识对于我们就显得十分重要，如此才能避免沉沦在虚拟世界中虚度年华，认知的提升也会有利于人们在日常的工作和学习中获得更理想的成绩。

认知是通过一系列的心理活动，诸如形成概念、知觉、判断、思维及想象来获取知识。认知的提升，是一种自我提高的过程。

那么，如何利用网络提升认知呢？

让我们来看看这个生活中真实又励志的故事。

故事的主人公伏培建是江苏人，由于从小患有脑瘫，他无法直立行走，身高不足一米。鉴于这种情况，伏培建无法和同龄的孩子一样去学校学习。

如果时光倒流30年，伏培建或许只能待在他出生的小村庄，仰望半亩蓝天，用来打发人生漫长时光。然而，网络给了伏培建自学的机会。

通过多年的网络自学，如今的伏培建可以独立完成网站搭建、开发小程序、视频剪辑等具有一定技术含量的工作。他利用所学知识和技能在网上接单，年入十万元。

网络另一端的许多客户并不知道他的真实状况，只因其出色的产品及良好的使用效果，对他赞誉有加。客户的认可，让这个从小就自我否定、觉得人生前途渺茫的残疾小伙，重新在学习和自我完善中建立了自信。

从父母得知伏培建是个脑瘫患儿后，就一直发愁将来他们老了，饮食起居都需要人照顾的伏培建该如何生活下去。而今，伏培建通过网络自学，不仅拥有了自食其力的能力，还帮助整个家庭摆脱贫困，继而捐资、捐物回馈乡里。

由于他出色的表现，伏培建入选“江苏好人”，获得了一系列荣誉。这是社会对他自强好学精神的认可和肯定。通过择学，他利用网络提升认知，实现自我能力的提升。

相较于个人在懵懂中摸索着前行，企业的行为更加目标清晰、明确。

在华为，有一种较为新颖的学习方式——知识云。

建设知识云最初的目的是降低企业培训成本。如果将员工全部集中到某一处培训的话，公司各项费用的开支将会大大增加。这种脱岗培训还将造成一些工作的延迟或积压。

把员工培训放在网上，把需要学习的知识放在网上，让员工自学，如果有问题，可以在线得到专家的指导。

华为还利用虚拟技术打造了设备操作实习体验，通过虚拟实操，发现问题，找出解决方案，并与同时在线上体验的华为客户共享。在线的沟通和交流更有助于员工从不同视角看到问题的本质，亦能及时检验自己的方案是否完善。

在这里，我们可以看到提升认知的两个关键点。

一是发问。华为让员工就自己不懂的知识向专家求教。决定一个木桶能装多少水，在于这个桶最低那个木板的位置。我们在生活和学习中一定要懂得找到自己的短板，不要理会已经掌握了多少，而要把目光聚焦在不懂的知识点上集中发力。

二是沟通。你认为的方案和客户认可的一致吗？相同点在哪里，差异点在哪里。

在自我认知方面，多数人的自我认知和实际是有出入的。特别是在虚拟网络上，我们更容易将最为优秀的一面展现给他人，这时候更要懂得不同声音的可贵之处，会多和老师、客户、合作方沟通，听取别人的建议，及时纠错。

回过头来，细捋伏培建的成长历程，提升认知的关键点在于做出正确的选择。

虽然伏培建大多数时间是躺在自家不足10平方米的小房间，他对外界的了解基本依靠网络，但是他的定位清晰、方向明确。

从2014年第一次接触QQ，发现每个人的QQ头像都不尽相同，又了解到有的人正在使用的头像是自己制作的时候，伏培建就找到了方向。

2015年，他制作的头像第一次为他挣了两元后，他更加明确自己的发展方向：像他这样受限于自身条件，无法在现实生活中寻得一技之长的人，网络是他唯一能实现自食其力的地方。

凭着他对互联网对人们生活的影响越来越深刻的判断，他开始学习更有深度和广度的互联网知识。

另外，要坚持自己的选择。人生最怕的就是这山看着那山高，过于分散自己有限的精力和时间，以期能广而全，这样很难在某一方面做到深入、精进。

伏培建在众多网络课程中选择了和网络密切相关的知识，看似跳脱的视频剪辑和网站搭建，其实存在内在的联系。搭建好网站，一般会按照客户的要求进行一定的“装修”，图片和视频就是部分装修材料，所以他必须掌握这些知识和技能。

从最初的头像制作到网站建设，伏培建通过网络这个媒介，不断探寻更有深度和广度的知识和技能，全面提升自己，让自己更具竞争优势。

现下，许多人大喊就业压力太大，工作不好找，或是工作不稳定，频频跳槽，吐槽自己不能得到领导的赏识和重用。这就是自我认知和实际情况产生较大差异造成的。

静下心来，在自我选择的点上集中发力，利用互联网的优势进行持续学习，补齐短板，你才能更谦逊、有识，被他们赏识，被社会认可。

深度学习，化理论为实践

大疆创始人汪滔在香港科技大学念书的时候，导师李泽湘的一门机器人比赛与设计课程，他前后上了两次。

这门课程的与众不同之处在于，它在教育方式上有突破和改变。以前教师讲课，学生坐在下面听，然后教师布置作业，学生完成作业，教师批改，最后进行考试，以考试成绩判定学生是否掌握了这门功课的知识。

李泽湘在香港科技大学讲授这门功课时，采用的却是让学生在进行概念、理论的学习后，亲自动手做出机器人原型机去参加比赛。

李泽湘在他的这门课程中，把以往教学中教师占据的主导位置让给学生，让以前处于被动接受状态的学生拥有学习的主动权。

李泽湘的这种全新教学模式，能让学生在动手实践中找到自己需要学习的知识，发现问题，通过整合所学知识寻求解决问题的方法及途径。更重要的是，学生为了获得更好的比赛成绩，不得不一次又一次地迭代自己的设计，进行版本升级。这就倒逼学生把所需知识进行梳理，在实际应用中推演书本理论知识运用于实践的方法，在问题中发现问题，并解决问题。

当参赛机器人原型出现在比赛现场时，不论结果如何，学生已将这门课程所涉内容，机械、电子和软件系统的设计了然于心，有了自己的观察、想法和心得。

李泽湘的这种教学方式，就是现代教育体系中一直探求的深度学习。

美国当代著名教育家和心理学家本杰明·布卢姆认为，在学习的过程中，人们的认知目标分为识记、领会、运用、分析、评价、创造。其中，识记、领会、运用因不需要复杂的认知思维即可完成，被人们认定为“低阶思维能力”；分析、评价、创造则因需要更为复杂的认知思维，被称为“高阶思维能力。”当人们拥有了这种高阶思维能力后，就掌握了深度学习的方法。

美国学者埃德加·戴尔在进行了大量的试验后，提出了“学习金字塔”理论。他提出，人们在进行听讲、阅读、视听、演示这些浅层学习时，对所学知识的留存率在5%～30%，而讨论、实践到最终能教授给他人的这种深度学习中，知识的留存率最高可达90%。

由此可见，深度学习不仅能让理论化为实践，还有助于我们面临问题时做出正确、恰当、有效的应对和反应，通过对知识和概念的再次构架，输出属于自己的知识产权，解决最困难的问题，最终成为内容的生产者。

想要拥有深度学习的能力，首先需要沉下心来。在信息交流极为便捷的今天，人们最不必担心的就是知识获取的渠道。和古人借书、抄书、凿壁偷光的学习环境相比，我们现在面对的最大问题是在学不完的知识、刷不尽的信息中沉下心来，摒弃干扰，寻求那些对我们有用的知识。

我们还要意识到，不论科技如何进步，信息技术如何先进，想要获得深度学习的能力，从来没有捷径可走。

你想通过每天听一本书来掌握其知识精华，那么，你的大方向是选错了。因为你听到的书是一个读书人对自己所获得知识的解读，他解读的深度取决于他的水平。而且，他所看到的问题、对书本发出的沉思和拷问，是他在自我认知、概念、思想的架构中提出的。这样的提问，有助于你从另一角度发现问题，却很难提升你对这本书的解读和认知，想从你听到的内容中进行属于你的创造，困难重重。

切忌学而不思、思而不用。我们应该把获取的高质量知识与原本掌握的知识缝合、重塑，通过实操，补齐知识弱点，增强工作的驱动力，对所学知识进行判断和决策，从而达到学以致用的目标，让所学知识助力我们解决生活和工作中的问题。

主动性是人们获取深度学习能力最重要的因素。

把听一本书改为看一本书，跟随书本一起思考，主动寻找与之相关的资料和内容，从更为广阔的视野、更为深邃的角度进入，可实现识记、领会、运用甚至创新。

在这方面，大疆无疑是成功的。

大疆创始人汪滔读研时，一边跟随导师李泽湘攻读机器人比赛与设计课程，一边在深圳注册公司，把控制器售卖给发烧友。这家注册在深圳的公司，也逐渐发展成为中国科技之光，在无人机领域独占市场70%的份额。这一切的成果，很大一部分受益于深度学习。

大疆是极少数在行业占领极大优势、难觅竞争对手的情况下仍旧不断自我突破和快速进行产品迭代的公司。这使得大疆始终在消费级无人机领域保持很强的技术优势，让另一些起步更晚的公司望尘莫及。由此可见，当人们具备深度学习的能力后，不但能将理论化为实践，还会赋予我们一直向前的驱动力。

这种驱动力对于个人而言，是一直向前、突破自我的力量，对于企业则是生存之道。

因为在当下激烈的竞争环境中，人们需要具有适应性更广、稳定性更强的产品，这一切必须在不断突破现有产品的前提下完成。

在知识获取极为便捷的今天，要把理论化为实践，收获成果，斩获成功，唯有深度学习才能让理想的图纸变为现实。

第八章 <<<

赋能：借助认知变现，实现阶层跃迁

维度提升：我们和高效人士的差距在哪里

在现代社会，不管是职场还是学校，甚至是家庭生活，我们通常能发现一部分人的办事效率和办事方法特别好，他们总是能够游刃有余地处理好工作、学习以及生活中一切琐碎且繁杂的事情。而且，对于我们看来很困难的事情，他们做起来也好像很简单。形容这样的人有一个专用词，即高效人士。每次看到这样的高效人士，我们都会非常羡慕，期待自己也能够成为这样的人。那么，我们与高效人士的差距到底在哪里呢？如何才能成为高效人士呢？接下来针对这两个问题进行解答。

首先，要明确决定我们是否高效的维度，也就是原因究竟有哪些。英国剑桥大学专门研究过高效人士学习以及工作时展现出来的特性，结果表明出色的行动力、明确的目标以及健康的身体等是他们成为高效人士的重要维度。他们的高效不能简单地只用一句能力强或者身体好就可以概括，而是多个出色的特质组合在一起才能达到这一效果。

健康的身体是成为高效人士的前提条件。格力集团总裁董明珠以其雷厉风行的行事风格帮助格力集团发展到目前这样庞大的规模。董明珠非常注重身体健康，她的精力可以支撑她完成长时间的工作。一次，她和员工们出差，飞行长达10小时。小职员工作了几小时之后撑不住了，直接倒头睡去。等到飞机降落时，她睁眼一看，包括董明珠在内的企业高管都还沉浸在工作状态之中。她询问身边的人那些领导是不是一直在工作，身边的人回答她说是的，他们除了喝水或者去洗手间，基本上都在工作。小职员一听整个人都惊呆了，她无法想象自己比那些领导年纪都小，但是精力却远远不如他们。从这个故事我们可以看出，好的身体可以提供给我们足够的精力，用于处理更多的事情。而且，年轻不一定身体好。现在，很多年轻人是熬夜冠军，再加上饮食不规律，身体状况都不算很健康。而没有健康的身体，我们很难完成自己想要完成的事情，因为精力实在有限。有句话说得好，在顶尖者的游戏中，每个人智商、情商的差别不会很大，拼的是自律、坚持、韧性，而这些如果从生物学角度来说，最终拼的就是谁的身体好。

健康的身体是我们与高效人士之间的唯一区别吗？自然不是。身体比董明珠好的人不在少数，但能取得董明珠那样成就的人却十分有限。所以，我们与高效人士之间还存在其他维度的差别，行动力就是其中之一。拥有高效率的人都有一个普遍的特点，那就是只要确定了要做的事情，他们就会立即执行，不会无限期地拖延。我们都喜欢在年初或者年末的时候为自己制订新一年的计划，比如看完多少本书、去哪里旅游、要买房或者换车等。这样一张愿望清单在普通人手里可能就是摆设，闲来无事时翻开看一眼，给自己补充一点鸡血，将进度条从0拉到5%或者10%，一年结束后发现基本上都没有完成。但是它在高效人士手里就不一样了。他们在制作计划清单时就会先判断自己是否有能力完成，不切实际的愿望是不会出现在清单中的，然后开始牢记每一个目标，立即开始规划和思考该如何实现。如果是短期内就可以实现的事情，那就赶快安排出时间，准备好一切需要的东西，到时候直接行动就可以了。如果不是能够在短时间内完成的事情，高效人士们会将长期目标分解成一个个短期小目标，一步步地去实现。最终，他们的愿望清单基本上都可以实现。在这样的节奏下，他们还会积累更多的经验，获得成长。

其次，经常问自己三个问题，即要不要做、怎么做以及做完之后能得到什么。当我们面对一件事情的时候，如果感到毫无头绪甚至想要拖延，就要问自己这三个问题。这样我们就可以迅速地厘清思路，找到方向，然后快速行动起来。举个简单的例子，领导布置了一个写一份报告的任务，我们首先要问自己要不要做，答案肯定是要做的，不然可能会被领导狠批一顿。决定要做了之后就再问自己怎么做，一份报告需要确定题目、确定格式，然后再收集资料以及分析资料，最后得到结论，所以我们需要先找到一份模板，把格式确定下来，然后收集相关资料或者数据进行分析，最后整理成文。这个过程中，我们可能会遇到一些困难，比如找不到资料或者分析的时候不知道用什么方法，这时候不管是向别人求助还是自己上网搜索解决方法都是可行的。最后就是问做了之后能得到什么，这需要根据自己的实际情况来说，可能是领导的赏识，可能是自我能力的提高，总之都是很有意义的。这样一套流程坚持下来，我们的拖延症就能得到缓解，行动力将大大提高，离成为高效人士又近了一步。

我们都是普通人，过着平凡的日子，所以尽管不是都需要成为极度高效的人士，但明确自己与高效人士之间的差距，然后从不同的维度出发进行调整，也可以帮助我们掌控自己的行为，甚至自己的身体、精神和情绪状态。这样才能更好地感受生命的意义，发现更多生活中的美好和风景。

先定一个小目标，点燃肉眼可见的激情

“先给自己定一个能达成的小目标，比方说挣他一个亿”，这句火遍全网的话是王健林在某访谈节目中接受主持人采访时说的。

这番“一个亿是小目标”的豪言壮语好似就发生在昨天，但其实已经是六年前的事了。想不到吧，因为到今天，这句话还会时常被大众拿出来津津乐道。

对于普通打工人来说，一个亿的小目标的确有点儿天方夜谭，的确会让我们惊掉下巴。但一个亿对于王健林这样的大企业家来说，的确只是一笔“小钱”。站的位置不同，看待问题的方式也不同。

其实，我们最应该关注的并不是“一个亿”这个数字，而是大佬口中设定“小目标”这件事。王健林的意思其实是：很多年轻人都应该要有自己的小目标，这是正确且重要的第一步，如果你的目标是想要成为首富，或是更大的目标也不为过，但要慢慢来，先定一个能达到的小目标，再去思考人生的大目标。

关于目标，相信不用多说大家都知道设定目标对于人生规划

是很重要的。一个没有目标的人，犹如一艘在海上航行却没有安装导航的船，只能不知方向地任由风浪将其四处飘荡。

有的人可能会问：定个小目标，目的到底是什么呢？为了启发自己的思考，提升自我的能力，收获一定的成长等？都没有错，但不够接地气，说白了定目标就是让我们的努力、认知及时变现，完成提升自我的变现价值。换句话说，如果努力变好不能提升你的变现价值，你的努力完全是在做无用功。这里说的变现价值不是马上就变现，而是在一到三年的时间里逐步提升自己的能力。一旦目标达成，能力到位，涨薪、晋升或转型自然而然就水到渠成了。

所以，我们定目标的目的要“功利”，但努力实现目标的过程要务实，不能没有付出就要求得到回报，而是换一种思路，定个小目标，及时获得一定的回报来鼓励我们有实现大目标的激情。

需要注意的是，一开始制定的小目标如果模糊不清，你百分百会走弯路，所以我们要的是那些清晰明确的小目标，且符合自己的实际情况。还是说到王健林的“小目标”。对于普通人，制定“一个亿的小目标”肯定很吓人。王健林说这句话针对的是那些有着成为首富梦想的人，既然大目标是中国首富甚至是世界首富，一个亿相对于大目标自然就是小目标。这样的小目标显然不适用于我们普通人。我们可以定的小目标有：工资收入翻番，认识更多的人拓展人脉，维护好现有客户再拓宽客户基数，等等。

有了量身定制的小目标，再规划好时间去实现它，就像王健林说的，“如果人生连小目标都达不到，那就是白白混日子，我们的小目标，是一点点变大的，情怀也是一点点变大的”。只要每个阶段的小目标都是清晰明确、可以及时实现的，我们就努力循序渐进、脚踏实地地行动。退一万步说，小目标实现了更好，可以及时地燃烧现阶段的激情，将其转化为实现大目标的动力。如果实现不了，至少也离大目标更近了一步！所以，我们都应该先定一个小目标。但为什么同样是制定目标，有些人就能高效地实现并及时变现，而有些人就没有那么容易了呢？其实说白了，最主要原因在于你懂不懂得制定小目标时所要遵守的规律。

首先，要把目标写下来。设定一个小目标最简单、最高效的办法就是把目标写下来。这么做不仅让你的目标可以常常被看到，还能不断地给自己心理暗示。每当我们看到纸上的小目标，肯定会为了实现这一目标而努力。写下具体目标时，还要定下一个期限。这样你的小目标就有了一个清晰可见的雏形，也能为后面的行动打下更好的基础。

其次，制定成体系的小目标。很多人有制定小目标的习惯，但在现实中情况却不见得比不制定目标的人乐观。多年下来他们的能力、薪水、职位都没有大的变化，原因就在于他们陷入了目标碎片化的误区。他们的小目标往往是想到一个去执行一个，这样的目标显然效率很低，成效自然不高。所以，制定小目标时，我们一定要想通，该制定什么目标来提升自己哪方面的能力，从而得到怎样的变现结果，而不是漫无目的，别人的目标是什么我也跟着制定什么，或者小目标的目的很模糊，完全不能清楚为什么要制定这些目标。所以制定小目标前，我们要清楚自己的职业规划，明晰自我发展的路径和规律，梳理清楚整个目标想要达成的目的，然后再建构体系化的目标模型，分步骤制定合适的小目标，带着目标开启系统之旅。

再次，要有步骤地去执行。其实，我们都需要学会把目标分解成清晰的步骤再执行，这样才能真正把人生经验转变为财富。因为分解后再执行不仅使我们的小目标实现起来更节省时间，也可以让小目标更容易实现。回顾整个过程，还能清晰地明白自己是怎么将目标实现的。这样你的目标价值才有可能进一步被放大，毕竟任何目标表面看似简单，执行起来却不容易，分解执行的步骤关乎你能否实现这些目标。只有拥有这种有条不紊的能力，很多事情才会变得连贯而通畅。我们想要认知变现，制定具有可操作的目标，都需要构建立体的行动支架，在目标达到的时候你会发现，原来它也没有什么难的。

最后，制定目标后要做好反馈。在朝目标努力的过程中，我们肯定会遇到棘手、难解决的问题，这时就需要我们及时对自己的目标进行反馈，想一想制定的目标是不是偏离了原来的初衷，有没有不合理的地方？只有经过反馈，才能根据完成情况及时调整。所以，不要以为制定了目标就万事大吉了，它是一个循序渐进的过程。

人之所以会迷茫，是因为缺乏清晰、明确的人生目标。有了目标就有了方向，知道了前方要走的路，就不会惧怕路途遥远。制定一个小目标，完成后再制定下一个可实现的小目标，对于我们普通人而言，大目标的实现也不再是完全没有把握的事情。制定小目标时，心态和高度也是非常重要的。就像王健林说的，有想要成为首富的心态，这没有任何问题，但千万不要有一夜暴富、不劳而获的想法。这与我们一开始设定目标的目的是完全相背离的。任何进入社会的年轻人想要实现目标、取得成功，都要学会自我提升，脚踏实地，一步一步去实现。毕竟一口吃不成胖子，罗马也不是一天建成的。

首先追求你最需要的，而不是你最想要的

2013年6月，李亚鹏和王菲离婚。

两个月后，李亚鹏前往丽江，着手打造“雪山艺术小镇”，诗意的名字，是李亚鹏对小镇的定位。李亚鹏期冀这个集酒店、公寓、别墅为一体的建筑群落，能成为丽江当地亮丽的旅游名片。借助这个项目把自己艺术家的梦想物化，让小镇成为一件坐落在丽江大地上的具象的艺术品。

“雪山艺术小镇”园林景观的设计者，是李亚鹏专程从日本请来的著名设计师隈研吾。隈研吾在国际建筑界享有极高声誉，获得国际石造建筑奖、自然木造建筑精神奖等一系列奖项。隈研吾的到来，意味着“雪山艺术小镇”园林设计规划具有高品质的起点，但是光有理念和设计，还不足以支撑李亚鹏对“雪山艺术小镇”园林景观的期待。

为了让每一处景观都实现并超越设计要求，李亚鹏又斥重金，从四川、北京等地移植来许多稀有、名贵的景观树木。李亚鹏还请了专业的操盘团队，为小镇量身设计了130多栋、190～300平方米的清水独栋别墅。

不计成本、极度理想化建设起来的“雪山艺术小镇”，到2014年8月开盘时，销售均价高达15000元/平方米以上，高企的价格让许多人望而却步。要知道，当时丽江的房价大都在5000~6000元/平方米浮动。远超均价数倍的销售价格，加之商业配套建设滞后，“雪山艺术小镇”的销量惨淡。

开盘两年，小镇只售出30多栋别墅，其中还有诸多李亚鹏圈内好友为其带来的业绩贡献。没有最惨，只有更惨，2019年的销售业绩居然是零。

资本市场，为理想买单是一纸诉状。

资金链断裂的李亚鹏，把“雪山艺术小镇”51%的持有股份转让给阳光100。当初一起约定共同合作完成“雪山艺术小镇”的泰和友联并不同意。

泰和友联一纸诉状把李亚鹏告上法庭，双方最终以对簿公堂的方式分道扬镳。

通过上述案例，可以看出，李亚鹏的惨败是在追求最需要和最想要之间，他选择了后者。

他对自身没有清晰的认知。作为一个商人，理想要架构在现实的基础上，需要的不是空中楼阁的艺术品，而是能呈现在现实世界、拥有艺术气息的地产项目。作为合作伙伴，他需要的是为合作伙伴规避风险，创造价值。鉴于现实情况，他应该在当时开发项目时多些理性思考，考虑客户的承受能力和需求方向，把相应配套设施的落地考虑进项目内，把建造成本确定在一个合理的范畴内，而不是一味地追求艺术家的理想。

李亚鹏的失败，在丽江随处可见的客栈经营者中并非个例。

当初为了理想，得到自己想要的生活，许多年轻人选择逃离北上广，他们期待在丽江开家客栈，过着日升云起、自由浪漫的生活。然而，现实远比他们想象的要残酷得多。2015年，丽江满城转让、出售客栈的广告，无言地宣告：理想很美好，结局很悲伤。

如果把需要比作现实，你内心想要的就是理想。

当理想和现实不能完美统一，可能发生对冲的时候，我们该如何最大限度地规避风险，在商业资本的博弈中多些胜算呢？我们需要做的是，追求你最需要的，而不是你最想要的。

在这类失败的案例中，我们看到，不论是李亚鹏还是其他许多一时冲动辞职做民宿的经营者，他们身上都具有极其相似的共通点，那就是过于感性。

感性这种特质随处可见，它对生活的影响也颇为广泛。

在人们收入大幅提高的当下，年轻人的负债率却越来越高。有数据显示，2018年全国信用卡逾期半年未还的总额高达756亿，超4500万年轻的90后开通了花呗。

调查贷款消费的人群发现，他们50%的贷款消费用在了电子产品、奢侈品及化妆品等所谓的日常生活用品上。

对于生存而言，这些物品并非生活必需品，也不是年轻人当下最需要的，可是它们却是年轻人想要拥有的。正是这些可有可无的物品，一步步掏光年轻人的口袋，让其沦为“负翁”。

细观生活，年长者的消费清单更为理智。他们总是首选自己最需要的，而不是自己想要的。正是有了这份理智，年长者的经济状况更为乐观，抵御风险的能力更强。

由此可见，不论是生活还是经营，你首先要追求最需要的，而不是最想要的，这是避免负债和失败的重要法则。

面对选择时，如何做出正确的抉择？我们需要培养理性思维的习惯。

任何时候，都要多角度分析事件的可行性及风险，通过严谨的市场调查、缜密的数据分析做支撑，让其成为判定最终决策是否正确的依据。我们不能因为自己内心对其的渴望，忽略可能产生的风险，而要厘清你最需要的和你最想的之间的差别。

我们还必须对自我有一个中肯的认知。这份认知，包括你对行业知识的掌握、你的综合能力、财务状况，是否能得到外界足够的支持，来容纳、构筑你最想要得到的东西。

在理性思维中，最忌讳盲目自信和一时冲动。

其次，要提升自我控制能力，约束自我，多听听不同意见，向行业领域有成熟经验的个人和大佬求教，跟身边的合作方进行良好沟通，从合作伙伴、领导、下属及顾客的角度，多维度、多方向地看待问题和事件，避免沉浸在理想主义中不能自拔。

最后，要有逆向思维的能力。

伯克希尔·哈撒韦公司的副董事长查理·芒格曾在第二次世

界大战时担任气象学家。他知道，在战争这个特定环境下，气象专家最需要的是利用自己的预测结果，最大限度地避免士兵因恶劣天气而伤亡。

他通过逆向思维探讨天气会给飞行员带哪些伤害力强大到致命的因素。逆向思维让他很快得出，把飞机引导到让飞机引擎结冰的地方、让飞机失去动力、安全着陆前飞机消耗尽所有燃料是最为致命的。由此，他成为第二次世界大战期间最出色的气象学家之一。

诚然，人生不能没有理想，在很多时候，是理想支撑、激励、驱动着我们向更好的人生迈进。但是人生苦短，有时试错成本又极其高昂，如果你最需要的和想要的产生冲突，请优先选择你最需要的。当实力和经验积累到足够丰厚后，终有一天，你将顺理成章得到你最想要的。

财富的秘密：究竟什么是富翁思维

清康熙年间，晋商王相卿等人在山西右玉建立了一间名为大盛魁的商号。经过多年发展，大盛魁逐步发展成为有六七千个伙计、近两万头商队骆驼的跨国贸易商号。

有史料记载，大盛魁在清光绪年间的资产是当时清政府全年财政收入九千万两白银的一半，当时一两白银的购买力是107斤粮食。民间传说，鼎盛时期的大盛魁可以用50两一锭的元宝铺一条从内蒙古库伦到北京的道路。

历经260年商业风云的大盛魁受1924年蒙古国独立、对旅蒙晋商业务的诸多限止，及全蒙所有欠大盛魁百万之巨债一律不偿还，禁止中国银币流通影响，各种税赋叠加，其票号业务退出蒙古国。加之当时中国国力孱弱，国家动荡等，它最终退出历史的商业舞台。

但如此庞大的商业帝国可以兴盛两百余年，它的财富积累秘密还是很值得后人深思的。

大盛魁有一个非常现代化的股权激励制度，开创了现代企业员工持股的先河。

初入大盛魁的伙计，要经历一个漫长的学徒阶段。在这个时期，学徒没有工资，但是管饭。学徒到了一定时期，大盛魁会对这些学徒进行业务培训，如打算盘、记账等站柜必备技能。出了学徒的伙计，在商号做够9年，也就是3个账期后就可以持股了，最初是几毫，以后这些股份会随着工作年限、职位晋升、贡献大小等诸多因素进行调整，最高持股一分二厘。

为了最大限度保障员工利益，让员工把商号和自身利益进行终身捆绑，员工所持的这些股份在员工有工作能力时可年年分红，年老退休后亦能继续分红，就连员工死后家人仍可凭此股份，享受2～8年的分红。一些对商号有重大贡献的人，还可再增加一两个账期的分红。

员工所持身股的不同，也意味着从事的工作内容不同。身股最高者，不需从事经营活动，他们只负责用多年积攒的经验和人脉在商号遇到困难时为企业解危渡困。持股一分者，也就是商号各分号掌柜，对所属分号的经营有杀伐决断的权力。另外，各分号掌柜所持的一分身股，一年可分白银万两，而同时期归化城守边将军每年的“统支”才1100两。

在巨大的利益诱惑、极为开放的职位晋升空间、覆盖生死的保障制度下，以大盛魁为代表的晋商迅速发展。到了清末，北京金融业有半数为晋商经营。

晋商还带动了一些城镇的兴起和发展，“先有复盛公，后有包头城”“先有曹家号，后有朝阳县”的说法就广为流传。

2008年，港姐李嘉欣如愿嫁入豪门，夫婿是身价高达420亿的贵公子许晋亨。两人婚后，40岁高龄的李嘉欣又成功诞下一子。当所有人都认为李嘉欣已稳握百亿资产时，媒体却传来夫妻二人在许晋亨父母相继离世后每月只能领200万元生活费度日。

原来，420亿资产全被许晋亨父母注入家族信托基金管理。

家族信托基金管理资产的结果就是，钱是你的没错，但是支配和使用权归家族信托基金所有。其实，早在1963年3月13日，许晋亨的爷爷许爱周就设立了家族信托基金。

许爱周号称香港船王，在地产界亦有不俗的表现。他曾与人合资招得赤坎海滩的填海工程，并在此地兴建楼宇，极大地促进了当地经济的发展，随后又创建了著名的中建集团。一生商海沉浮的许爱周先生极为节俭，对子女管束极其严格，热衷公益事业，捐资助学，为家乡教育事业慷慨解囊，福泽桑梓。

成立家族信托基金那一年，许爱周已82岁。沉浮商海一生的许爱周深知家业来之不易，若子孙后代不能自制，他一生积攒的200亿家产会被挥霍一空。这不仅会害了后代子孙，更不符合他为人节俭、乐善好施的行事风格。于是，许爱周设立了家族信托基金，把200亿资产全部投入基金，规定子孙后代每月只能领10万元的限额。

3年后，许爱周离世，家族信托基金却一直延续下来。许世勋去世后，再次把自己毕生所挣的家业投入基金。

于是，许晋亨有了一月200万而不是10万元的生活费。

家族信托基金是一种信托形式，委托人把财产所有权委托给受委托人，受委托人按照当时签署的信托协议对家族资产进行管理，在委托人指定的情况下将资产及相应收益给予受益人。家族信托基金能以企业形式对财富进行规划，旨在规避和防范子嗣争产、婚变分产、后代挥霍等情况发生。

当然，以家族信托基金的方式处理家族资产，还能免除征收遗产税，从而最大限度保证家族财富不被稀释。

香港一众富豪，如李嘉诚、邵逸夫、刘銮雄等都设立有家族信托基金。正是这种财产处理方式，让许多香港富豪躲过富不过三代的魔咒，成功把财富传承、延续百年。

这两个看似毫无关联的案例，从经营和传承两个不同的角度揭示了财富的秘密。

富翁之所以能成为富翁，是因为他们能洞察人性，深知人性最底层隐藏着什么、人内心最大的需求是什么。

大盛魁的学徒制，就是要在细微、小节之处发现人品低劣者、不学无术者，在他们进入企业核心层前将之剔除出去。

学徒制是大盛魁在人性最低处设置的一道门槛，破此门槛者将终身没有机会再入大盛魁。

身股不仅能激励员工不断突破自我，在忠诚商号的前提下，尽可能地为商号创造利益。身股的终身制及死后数年仍能享受分红的条款，则打消员工对未来的担忧，让他们老有所养、老有所依，终身都成为经济的独立者，不论在商号、社会及家庭都享有话语权和受人尊重的地位。

身股是大盛魁给员工的一道护身符，它实现了利益捆绑，防止员工在个人利益和商号利益相冲突时做出有损商号利益的事情，更保护了那些为商号辛勤付出一辈子的员工，在年老力衰时能享有一定的人格尊严。

许爱周亦是深谙此道，于是他为家族设立家族信托基金，就是防止后世子孙把家产败尽。

古往今来，富翁们从不高估人性，他们总是想尽办法设置保护栏，防止和自身利益相关各方突破底线，造成不可预估的损失。他们更知利字对于人性就是一把双刃剑，用好了能激发向上的动力，用错了就是致命一刀。

断舍离：避免不必要的外界干扰

现在网络上很流行的“断舍离”一词，最初是由日本女作家山下英子提出来的。2009年，山下英子创作的《断舍离》一书首次出版就引起广泛的讨论。经过10年的时间，这一理念更是深入人心，越来越多的人开始尝试“断舍离”，想要用简单的生活来改变自己。说白了，“断”指的是断绝那些生活中并不需要的东西，“舍”是指舍弃身边多余的废物，“离”是指脱离对世间物品存在的执念。总之，就是要我们抛弃过多的物欲。

这么做有什么用呢？生活中，随着大家生活水平和经济条件的上升，我们所能拥有的东西越来越多，对物品的欲望越来越大，于是生活经常被这些冲动消费的东西占据。长年累月之下，除了屋子里的空间变得狭窄之外，我们的生活空间同样变得拥挤。而且，我们还要不停地花时间、精力去打理和维护这些东西。因为如果不能保持东西整齐有序，乱糟糟的物品会给我们带来很大的负能量。

其实，“断舍离”针对的不仅仅是物质生活，在信息时代，我们的思想同样需要及时的“断舍离”，清除那些不必要的信息。

不管是物质生活还是精神生活，都有杂物和不需要的东西，唯有经常“断舍离”，才能让自己达到更好的状态。这不仅仅是在整理过去的生活，也是为了避免不必要的干扰，为我们的未来创造更舒适的空间。

日本花滑明星选手羽生结弦，虽然在2022年北京冬奥会上留有遗憾，没有拿到奖牌，但他早已是花样滑冰男单历史上最出色的运动员之一。别看他这次的成绩仅仅排在第四名，但他过去的表现让他超越了奖牌的局限。他不仅是亚洲首位冬奥男单花滑冠军，也是66年来第一位蝉联两届冬奥会的花滑男单冠军。不仅如此，他19次破了世界纪录，实现奥运会、世锦赛、大奖赛总决赛的大满贯。在他的身上，我们看到了精湛技艺和不懈坚持的完美结合。正因为如此耀眼的成绩，还有让人如沐春风的笑颜，他成为花滑界当之无愧的高人气“明星”，只要羽生结弦出现在冰场赛事上，他就是高收视和高话题的保障。可是，羽生结弦本人却没有被这样的盛名冲昏头脑，一直保持着谦逊低调的个性。

关注羽生结弦的朋友都知道，除了在各大赛场上可以看到他的身影，平时羽生结弦几乎都是神龙见首不见尾。他的家人也十分低调，鲜少出现在大众面前。甚至为了躲避前来采访的记者，他的父母还悄悄搬离了原来的家。休赛期间，羽生结弦几乎不参加任何商业活动或是出现在综艺节目里，偶尔几次登上新闻都是因为给家乡仙台或是灾区捐款送温暖而受到关注。

为什么他要如此低调，甚至不想让外界过多地关注呢？其实，羽生结弦本人就解释过，他并非不喜欢外界的掌声和鲜花，相反作为运动员，在竞技体育里，他是一个好胜心很强的人，很在意别人的看法，在意自己的表现是否被他人喜欢。要知道人无完人，并非所有的声音都是善意的，而他的内心又很难不对别人的看法所影响。为了不受外界的干扰，不被负面声音影响，他选择了这样低调杜绝所有声音的方式。

羽生结弦尽可能少地出现在聚光灯前还有一个原因，为了更加专注花样滑冰。他在滑冰上倾注了令人无法想象的心血，不愿意将时间浪费在除了滑冰以外的事。他说自己是因为热爱着滑冰，所以才能一直和伤病做抗争，如果不是这份热爱，他做不到这么长久的坚持。要知道，他在滑冰上付出的不仅仅是汗水和时间，他生活的全部重心几乎都与滑冰息息相关。他摒弃其他的一切，只为了全身心投入在心爱的花滑训练场上。正是这样的专注和勇敢的“断舍离”，他有了最坚强的后盾，拥有了不畏困难、坚持实现梦想的勇气。

反观作为普通人的我们，是不是很长一段时间都在兜兜转转，不断被周围人的声音所影响？一直在寻找自己要成为什么样的人，要成就什么样的人生。殊不知，人生路越走越有思想包袱，做任何事都前怕狼后怕虎，考虑再三仍是什么都不敢丢弃。听到的声音越多，你就越找不到内在真实的自己，也不明白什么才是自己真正试图打造的理想形象。如果想要摆脱这样的境地，我们唯有像羽生结弦那般，做好内心的“断舍离”。那么，怎样才能做到真正的“断舍离”，找到最真实的自我，避免外界那些不必要的干扰呢？

首先，明白内心的需求，扔掉生活中的“破烂”。生活中，我们总爱囤积很多看不见的“破烂”，像是手机里的照片、电脑里的各种学习资料、网盘里随手存下的资源、收藏的各类大咖讲座……这些东西对我们的生活品质不会有任何正面的影响，却是我们生活和思想上的“破烂”。我们要做的就是把这些东西该扔就扔，收拾整理好自己真正需要的。要知道，过多无关的杂物容易让人分散注意力，出现拖延症，所以这其实是在整理拖住我们脚步的累赘。少了这些才能让生活真正变得简单、有意义，不会影响我们的思考，给我们造成无形的压力。

其次，找到真正热爱的东西，抛掉负面情绪。在任何一种人际关系中，都会有一两个不断抱怨的朋友。久而久之，你就会跟着他们的情绪走，很容易被负面情绪影响，不知道自己的生活、工作到底有什么样的意义。所以，为了不受这样的负面情绪干扰，我们要专注自己真正热爱的东西，这样才不会有精力听多余的负面思想。只有抛弃毫无帮助的负面思想，才能没有包袱地轻装上阵，投入真正热爱的事业里。现在，梳理一下你的职业生涯，做一个职场清零术，清零你的负面想法和思维定式，为自己的理想腾出空间。

最后，明确目标，不断学习，持续筛选。要想保持专注，就要明确自己的目标，不断去学习，因为人都一样，永远只会对新鲜的事充满兴趣。所以，我们要不断为自己灌输新的知识，才能把热爱的事情做到极致，实现自己的目标。在这个过程中，我们要有所筛选。我们都听过捡芝麻丢西瓜的故事，什么都想要就容易因小失大，结果也会与你的初衷背道而驰，让你整日忙碌，为琐事所累而忽略最本质的东西，那样既不会幸福也不能收获成功。

真正的“断舍离”，能让你的人生思路更加清晰，知道自己要朝哪个方向全力以赴，还可以避免不必要的干扰，舍掉一些没有意义的应酬，放弃那些累人的表面社交，扔掉那些占用你时间的冗余之物。只有这样，才能把心思真正用在你感兴趣或有意义的事情上，为自己的生活做好减法。

古语有云：人生只为欲字所累，便如马如牛，听人羁络，若果一念清明，则淡然无欲。生活就是这样，正是有了反思权衡后的舍弃与放下，才会在庸常的物质生活外，邂逅更加迷人的精神世界。丢掉不重要的物品，扔掉看得见的东西，就能改变看不见的世界。

行动，是一切目标实现的起点

朗费罗说过，头脑中想着行动而不是信条，将有助于满足我们最大的需要。他的话非常有道理，所谓信条就是我们较为虚幻的目标，而行动则是我们实现一切目标的起点。

无论我们的目标是宏伟的还是普通的，是长远的还是短期的，是易于实现的还是难以达到的，都要付诸行动，因为脱离了行动的目标本身就是一句空谈。只有自己动手做了，用实际行动去施行自己的计划，才有可能实现目标。

但是现实中总会有很多人，总是将自己的目标制定得井井有条，却往往因为不落实计划而最后丢失了自己的目标。

就像生活中我们经常会把“这个夏天我一定要成功减肥多少斤”“这个学期我一定要早起”“今年我一定要成功完成多少业绩”等放在嘴边，但是能实现自己目标的往往只有少数，因为经常把口号挂在嘴边的人，花在喊口号的时间永远比他花在实现自己目标上的时间要长。这样的人往往面临的结局就是——减肥产品买了一大堆，计划也制订了不少，但是还没坚持到一天就已经觉得很累，不得不放弃。

那些所谓早起的人，大多数会在前一天晚上制订早睡的计划，但是这个计划往往在抱着手机定闹钟的时候就“流产”了。致使它“流产”的因素可能是某个活动的促销，又或者是某个搞笑的视频，于是计划早起的人也没有实现自己的目标。那些企图在业绩上干出一番事业的人，极有可能把一个季度的时间都用来制订计划了，导致到了季度末都没能实现自己的目标。

心理学有个典型的案例。一个一事无成的流浪汉总是来到教堂，并且十分虔诚地祈求上帝：“上帝啊，我一直以来都十分信仰你，看在我这么忠实的份儿上，请您让我获得点石成金的魔力吧！”一年365天，这个流浪汉天天都在祈祷。最后，他愤怒地对上帝咆哮道：“上帝，我这么信奉你，为什么连这点小小的愿望都不能让我实现呢？”这时，他听见头顶传来一声叹息：“我很早以前就听见你的祈祷了，我只是很好奇，你祈求了这么久，为什么不去找一块石头试一下呢？如果你找一块石头试一下的话，就会发现，我早就给了你这种魔法啊！”

这个人无疑是虔诚的，他的目标可以说比我们绝大多数人都更加清晰明了。很多人看了他的故事之后，第一感觉可能是感到好笑。的确，只有用行动实现自己的目标，才不会让自己的目标沦为空谈，这个道理很多人都懂，但真正做到的却很少。会制订天衣无缝计划和目标的人很多，但很可惜的是，这些计划与目标最后都被无限搁置了。

美国著名企业家、汽车大王亨利·福特，就是一个勇于将目标付诸行动的典型代表。福特是一个脑中总是充满奇思妙想的人，尤其是对机械方面，他坚信自己有一天会成为最出色的机械师。当他12岁的时候，父亲要求他必须在农场干活，当他的帮手，可是福特已经在大脑中幻想如何才能设计出一种解放劳动力、代替人力和牲畜拉车的工具。福特没有像那些只有目标而从来不行动的人一样，恰恰相反，他是一个敢想敢做的人，想到什么就立刻将它付诸行动。

他开始学习机械知识，进行一定的机械训练。一年之内，他就完成别人三年的学习量，并且进行了一定程度的机械训练。随后，他又在蒸汽原理学习上苦下功夫。枯燥乏味的原理学习以及一次又一次的失败都没能阻挡他行动的步伐。蒸汽机造不成，那就转战汽油机。他的目标也从简单地制造出一辆机械车变成汽油机，也就是我们现在街道上随处可见的汽车。他的每一份付出都得到了收获。终于，他在机械方面的天赋以及大量投入的行动吸引了大发明家爱迪生。在爱迪生的推荐下，他成功地担任了底特律汽车公司的工程师。

制定了目标，愿意坚持不懈地付出行动的人，一定会实现自己的目标。果然，经过10年的努力和持之以恒的行动，福特成功地在他29 岁时就制造出第一部汽车引擎。

但是，由于过分专注于设计新车、研究新车，福特忽略了卖车公司盈利的事。他的底特律汽车公司很快就倒闭了。随后，他就又加入几家公司，但是无一例外，都以失败告终。

但是福特天生就是一个行动家。1903年，他与其他创业者共同成立福特汽车公司。同时，他还想着怎样才能提升公司的知名度。于是，他再次开始自己的“行动”——邀请一位著名赛车手，请他开着自己的新型车周游美国。一时间，福特汽车在美国名声大振，一战成名，资产迅速增加。随后，福特脑中又复现出一个目标——在生产量上下功夫，创下一个新纪录。毫无疑问，这次他仍旧很快地为了实现自己的目标付诸行动，流水线应运而生。福特汽车公司也成为汽车领域的龙头公司，福特本人被誉为“汽车大王”。

生活中不缺少敢于想象、勇于制定目标的人，但是却缺少愿意将自己的目标付诸行动的人。他们或是活在目标带给自己的一种虚无的满足感中，又或者仅仅是出于人类的劣根性——惰性，而不能坚持用行动实现目标。将绝大多数时间和精力花费在制定目标上，会在不自觉中产生一种目标制定就好像已经实现了的错觉，这样一来，行动就会变得很无力，也会愈加困难。

总言之，无论什么时候，我们都要铭记行动才是一切目标实现的起点，脱离了行动的目标都是空话。